أسس إدارة خدمات تكنولوجيا المعلومات
ITSM BASICS

إعداد

خالد عبدالفتاح يوسف

إهداء

إلى الأساتذة و القادة الذين أثروا فى مسار حياتى العلمية و العملية.
إلى الزملاء و الأصدقاء الذين كانوا خير دعم و تأييد فى الطريق.

جدول المحتويات

الفصل الأول: تعريفات و أهداف إدارة الخدمات

نطاق عمل إدارة الخدمات

يشتمل نطاق عمل أنشطة إدارة خدمات تكنولوجيا المعلومات ITSM عادةً على تطوير وإدارة البنية الأساسية المرجعية لعمليات تقديم الخدمات المتكاملة وإنشاء نظام إدارة جودة الخدمة.

يشمل ذلك الإشراف على أنشطة التكامل و المواءمة و التطوير والتحسين المستمر لأنظمة إدارة العمليات.

يجب أن توفر الإدارة التوجيه والإرشاد والإشراف لضمان الاتساق والتوافق مع السياسات والمعايير والإرشادات الخاصة بنطاق الأعمال.

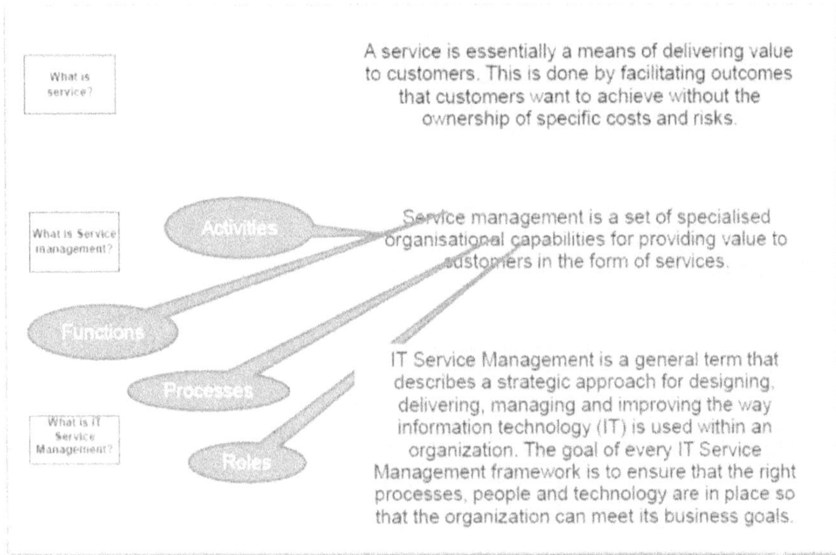

الشكل رقم (1) يبين تعريفات إدارة الخدمات.
PV203 IT Services Management-Ing.Vladimír Vágner.

تعريفات إدارة الخدمات

الخدمة

الخدمة هي وسيلة لتقديم القيمة للعملاء من خلال تسهيل النتائج التي يرغب العملاء في تحقيقها دون تحمل تكاليف ومخاطر محددة.

إدارة الخدمة

إدارة الخدمة هي مجموعة من القدرات التنظيمية المتخصصة لتوفير القيمة للعميل في شكل خدمة.

<u>مهام إدارة الخدمات</u>

- فهم الخدمات التي تقدمها من منظور المستهلك والمزود.
- التأكد من أنّ الخدمات، تسهل بالفعل النتائج التي يريد العملاء تحقيقها.
- فهم قيمة هذه الخدمات للعملاء وبالتالي أهميتها للمنظمة.
- فهم وإدارة جميع التكاليف والمخاطر المرتبطة بتقديم هذه الخدمات.

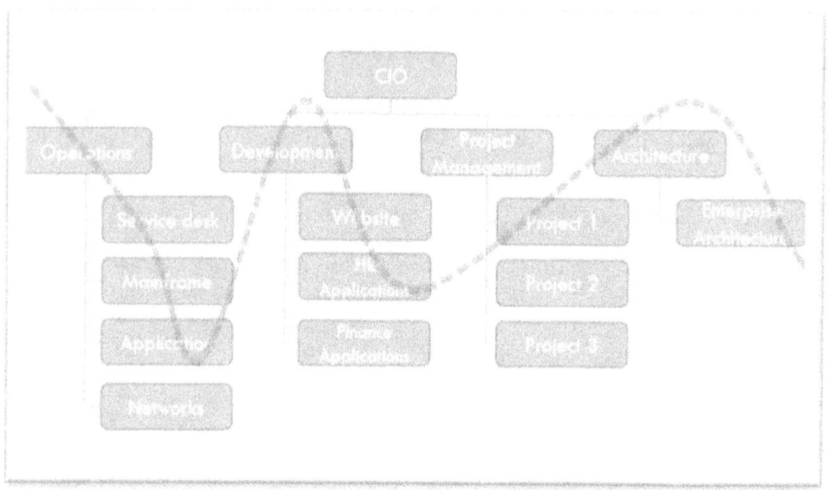

الشكل رقم (2) يبين الهيكل التنظيمى لإدارة خدمات تكنولوجيا المعلومات.
PV203 IT Services Management-Ing.Vladimír Vágner.

<u>الوظيفة</u>

هي مهمة تسند لشخص أو فريق أو مجموعة من الأشخاص والأدوات التي تستخدم لتنفيذ عملية أو نشاط أو أكثر.

<u>الدور</u>

هو مجموعة من المسؤوليات والأنشطة والسلطات الممنوحة لشخص أو فريق.

<u>العملية</u>

هي مجموعة من الأنشطة المصممة لإنجاز أهداف محددة وتقديم قيمة للعملاء أو أصحاب المصلحة.

العملية هي أصل استراتيجي عندما تخلق ميزة تنافسية وتميزًا في السوق.

<u>النشاط</u>

الحالة التي تحدث وتتم بها المهمة التى تنفذ ضمن عملية.

مالك الخدمة

مسؤول عن إدارة خدمة واحدة أو أكثر طوال دورة حياتها بأكملها و يلعب دورًا أساسيًا في تطوير استراتيجية الخدمة ومسؤول عن محتوى محفظة الخدمة.

مسؤوليات مالك الخدمة

- يعمل كجهة اتصال رئيسية للعملاء مع مالك العمليات لجمع الاستفسارات والقضايا المتعلقة بالخدمة.
- للتأكد من أن الخدمة تلبي متطلبات العملاء المتفق عليها.
- لتحديد فرص تحسينات الخدمة والدعم المستمر و يناقش مع العميل بدء التغييرات من أجل التحسينات إذا كان ذلك مناسبًا.
- الاتصال بمالكي العمليات المناسبين طوال دورة حياة إدارة الخدمة.
- الحصول على البيانات والإحصاءات والتقارير المطلوبة للتحليل وتسهيل مراقبة الخدمة الفعالة وأدائها.

مالك العملية

يكون دور مالك العملية مسؤولاً عن ضمان ملاءمة العملية للغرض وهو مسؤول عن ضمان تنفيذ العملية وفقًا للمعايير المتفق عليها والموثقة وتلبية أهداف تعريف العملية وغالبًا ما يتم تعيين هذا الدور لنفس الشخص الذي ينفذ دور مدير العمليات ولكن قد يكون الدوران منفصلين في المؤسسات الأكبر.

مسؤوليات مالك العملية

- المساعدة في تصميم العملية.
- توثيق العملية.
- التأكد من تنفيذ العملية كما هو موثق فى سجل الإجراءات و التعليمات.
- حضور الاجتماعات التي تهدف إلي مراقبة وتحسين العملية.

مزود الخدمة

منظمة تقدم خدمات لعملاء داخليين أو عملاء خارجيين غالبًا ما يتم استخدام مصطلح مزود الخدمة كشكل مختصر لإدارة خدمة تكنولوجيا المعلومات.

مزود الخدمة الداخلي

مزود خدمة داخلي مدمج داخل وحدات عمل المنظمة.
العامل الرئيسي هو أن خدمات إدارة تكنولوجيا المعلومات توفر مصدرًا للميزة التنافسية في مساحة السوق التي توجد بها المنظمة.

<u>**مزود الخدمة الخارجي**</u>

مزود الخدمة الذي يوفر خدمات تكنولوجيا المعلومات للعملاء الخار جيين، الاستعانة بمصادر خارجية لتوفير الخدمة للمنظمة.

<u>**مزود الخدمات المشتركة**</u>

مزود خدمة يوفر خدمات تكنولوجيا المعلومات المشتركة لأكثر من وحدة عمل داخل وخارج المنظمة. بعض المنظمات تستعين بمزود خدمة خارجى لبعض الأعمال إلى جانب المزود الداخلى.

<u>**المورد**</u>

جهة خارجية مسؤولة عن توريد السلع أو المعدات و الأجهزة الخدمات المطلوبة لتقديم خدمات تكنولوجيا المعلومات.

من أمثلة الموردين بائعي الأجهزة والبرامج الأساسية وموفري الشبكات والاتصالات وخدمات الحوسبة السحابية.

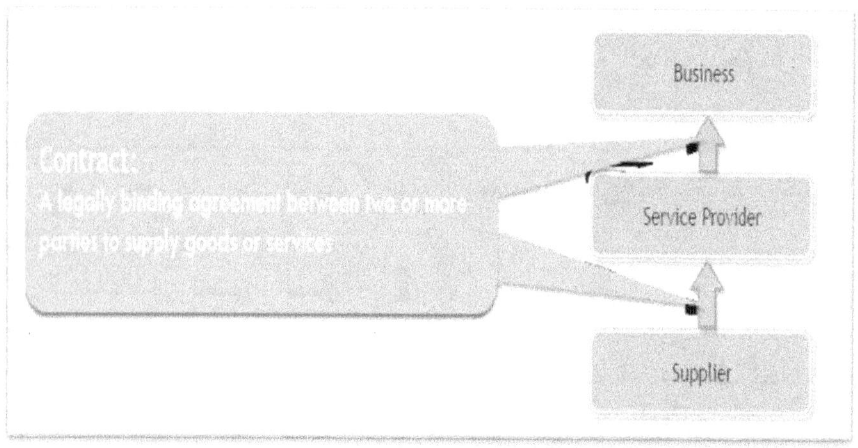

الشكل رقم (3) يبين العلاقة التعاقدية بين المورد و مزود الخدمة.
PV203 IT Services Management-Ing. Vladimír Vágner.

<u>**مسؤوليات الإدارة**</u>

- إنشاء استراتيجية وخارطة طريق تنظيمية لإدارة خدمات تكنولوجيا المعلومات.
- تحديد وتعيين الأدوار والمسؤوليات لدعم الاستراتيجية.
- إنشاء وتنفيذ وتحسين الحوكمة على موارد وجهود إدارة خدمات تكنولوجيا المعلومات.

- إجراء اجتماعات منتظمة مع الإدارة العليا لتسهيل اتخاذ القرار وتلقي التوجيه والمقترحات والتواصل بشأن حالة العمل.
- المساهمة فى عملية إدارة التغيير التنظيمي من خلال الاتصالات مع إدارة الموارد البشرية و الإدارة العليا.
- تطوير برامج التدريب والتوعية والإرشاد لفرق عمل إدارة الخدمات.
- الترويج لقيمة إدارة خدمات تكنولوجيا المعلومات في جميع أنحاء المنظمة.
- إنشاء نهج لإدارة جودة الخدمات يحدد الخطة والمنهجية لتحقيق الجودة في جميع أحكام الخدمات والعمليات.
- تطوير وتنفيذ معايير الجودة لمراقبة أداء خدمات تكنولوجيا المعلومات وإصدار التقارير الخاصة بذلك.
- تنسيق إجراء تقييمات العمليات والخدمات و التدقيق الداخلى و المراجعات.
- دعم تنفيذ جهود التحسين المستمر CSI بما يتوافق مع بنية العمليات والجودة وإدارة الأداء.
- تطوير البنية الأساسية المرجعية للعمليات وتحديد المعايير والاتفاقيات الخاصة بمستوى الخدمات.

<u>مستويات نضج الإدارة</u>

يجب أن يكون هدف المنظمة تحقيق المستوى الرابع من نضج العملية الذي يتيح أعلى قدر من المرونة والكفاءة للأعمال كما فى الشكل (4).

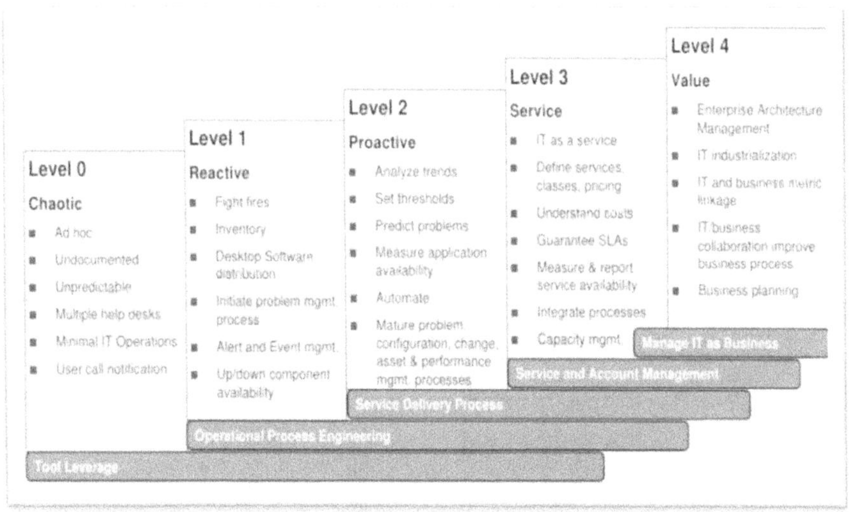

الشكل رقم (4) يبين مستويات نضج الإدارة.
PV203 IT Services Management-Ing.Vladimír Vágner.

<u>**خطة تنفيذ الأعمال**</u>

- تسهيل التكامل وإعطاء الأولوية لعمليات إدارة قيمة وجودة الخدمات من خلال خريطة طريق التنفيذ وضمان التشغيل البيني للأنظمة المختلفة.
- دعم اختيار وصيانة أدوات إدارة خدمات تقنية المعلومات مثل أنظمة تتبع التذاكر و برمجيات وتطبيقات وأدوات إدارة البنية الأساسية ومراقبتها.
- إنشاء تقارير عن صحة عمليات وخدمات تكنولوجيا المعلومات والتي تشمل تلبية الطلبات وحل الأعطال و المشكلات و الحوادث.
- إنشاء قوالب لتعزيز التوحيد القياسي والتناسق لدعم جهود إدارة الخدمات (وثائق السياسات و المتطلبات، ومفاهيم العمليات، ووثائق التصميم، وإجراءات التشغيل القياسية، وخطة المشروعات،الخ).

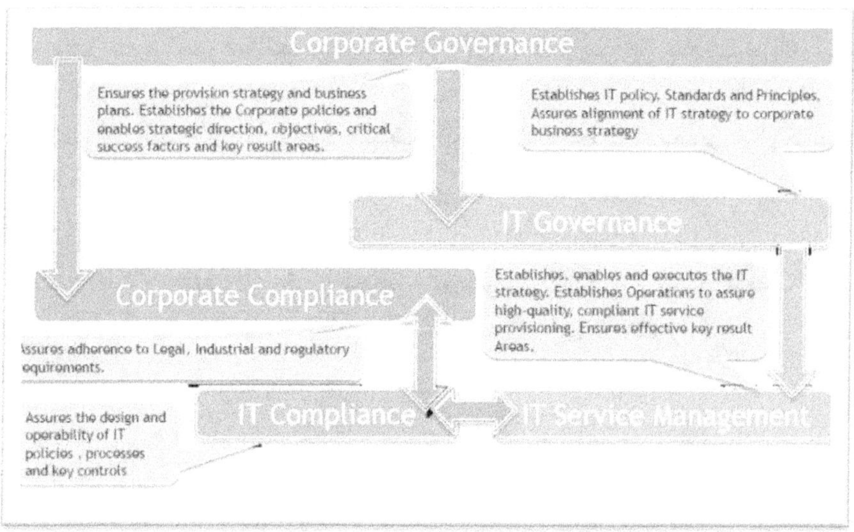

الشكل رقم (5) يبين العلاقة بين حوكمة المنظمة و حوكمة تكنولوجيا المعلومات.
ITIL® V3 FOUNDATION CERTIFICATION E-LEARNING COURSE.

<u>**حوكمة تكنولوجيا المعلومات**</u>

- تحدد كل منظمة تشكيل هيكل ومجال عمل حوكمة تكنولوجيا المعلومات.
- هدف كيان الحوكمة تلبية الإحتياجات التنظيمية للسيطرة والإشراف.
- حوكمة تكنولوجيا المعلومات عبارة عن تجميع لجميع الأنشطة والأشخاص والسياسات والوثائق والقوالب والاستراتيجيات والمواثيق والنماذج في إطار شامل يوفر الرؤية والقيادة الإيجابية والسيطرة على العمليات.
- يتم بناء العديد من المكونات أثناء إنشاء الاستراتيجية وتطوير دليل التشغيل وأنشطة تنفيذ مشروع إنشاء نظام إدارة الخدمات.

6

- هدف الحوكمة تطبيق الأطر والمعايير وأفضل الممارسات الدولية (على سبيل المثال، ISO/IEC 38500) التي تضمن تلبية خطط القيادة العليا وتوجيهاتها وتوقعات السياسة الخاصة بتكنولوجيا المعلومات، وقياس الأداء، وتحديد وإدارة الموارد والمخاطر.

ممارسة بنائية عمليات تكنولوجيا المعلومات

تعمل ممارسة بنائية عمليات تكنولوجيا المعلومات على تطوير ودعم وتحسين إدارة الخدمات لتمكين والحفاظ على محاذاة العمليات والخدمات لمهمة المنظمة وتدعم تكامل العمليات طوال دورة حياة إدارة خدمات تكنولوجيا المعلومات. يساعد فريق هندسة بنائيات العمليات في اختيار و تصميم و تنفيذ مبادئ وتقنيات البنائية المناسبة للعمليات و الخدمات وتوظيفها.

الأنشطة الرئيسية لممارسة البنائية

- تطوير واستخدام نموذج عمل بنية مرجعية لوصف كيفية عمل وظائف المنظمة و إدارة خدمات تكنولوجيا المعلومات لدعم المهمة.
- تطوير وصيانة بنية مرجعية للتخطيط والتطوير المركزي وتنفيذ العمليات.

محتويات نموذج عمل البنائية

- قائمة كاملة بعمليات إدارة خدمات تكنولوجيا المعلومات المحددة.
- غرض العمليات ونطاقها ونتائج كل منها.
- تفاصيل مستوى النشاط وسير العمل والرسوم البيانية.
- منتجات عمل المعلومات (المدخلات والمخرجات).
- أدوار ومهارات العمليات.
- نموذج توزيع الأدوار/المسؤوليات RACI
- المقاييس (عوامل النجاح الأساسية المدعومة بمؤشرات الأداء).
- متطلبات الأدوات الوظيفية.
- تطوير وصيانة قائمة المصطلحات و التعريفات.
- تطوير وصيانة خارطة طريق تنفيذ دورة حياة إدارة الخدمات.
- تطوير أدوات تطوير العمليات الموحدة والقوالب ومواد التدريب التي تدعم دورة الحياة وخريطة الطريق المخطط لها.
- توفير التدريب والتوجيه لفرق تصميم وتنفيذ إدارة خدمات تكنولوجيا المعلومات وأصحاب المصلحة.
- وضع معايير مراجعة بنية العملية وإجراء مراجعات بنية العملية لتقييم جهود التطوير وتقديم توصيات للتوافق.

<u>إطار عمل إدارة خدمات تكنولوجيا المعلومات</u>

- تبين بعد دراسات مستفيضة أن أفضل ممارسات فلسفة إدارة خدمات تكنولوجيا المعلومات، التى تتعلق مباشره بالمستخدمين فى مؤسسة كبرى صناعية و تؤثر بدرجة كبيرة على جودة الخدمات تعتمد على الإجراءات والعمليات التى تتوافق مع منهاج أيتل Information Technology Infrastructure Library (ITIL)

- تطبيق هذا المنهاج فى مؤسسة صناعية كبرى يعتمد على فكر و ثقافة المؤسسة و آليات وضع الإستراتيجية والأهداف و الموازنات.

- التصور المثالى لأطوار المعيار لا يعنى الترتيب أثناء سير العمل ولكن التطبيق العملى الناجح يفرض تصورلتتابع أو تزامن العمليات متعددة الأطوار خلال العام المالى لكل مؤسسة.

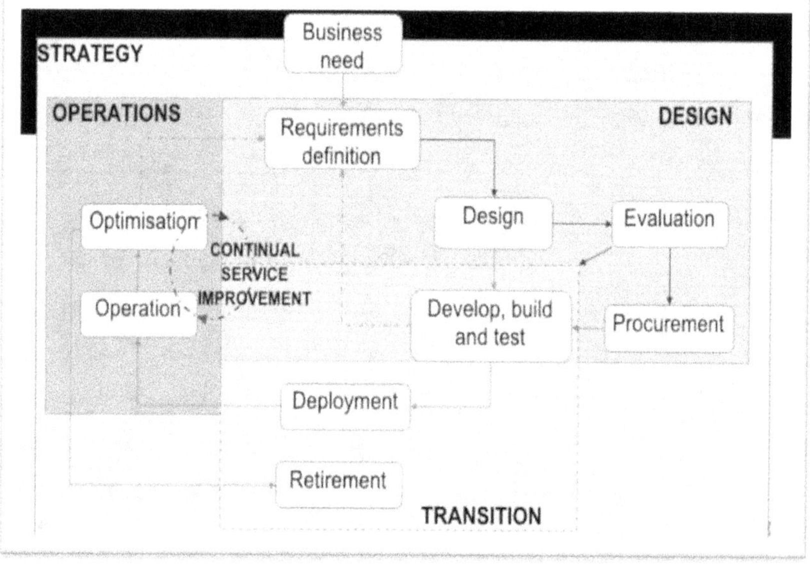

الشكل رقم (6) عناصر إدارة خدمات تكنولوجيا المعلومات وفقا لأيتل.
PV203 IT Services Management-Ing.Vladimír Vágner.

<u>المفاهيم الأساسية لإدارة الخدمات</u>

يوضح الشكل رقم (6) كيف تبدأ دورة حياة الخدمة طبقا لنموذج أيتل ITIL® من تغيير في المتطلبات أو الإحتياجات على مستوى العمل.

- يمكن تطوير الحلول من مكونات تم شراؤها ودمجها داخليًا.

- سواء كانت الخدمات مقدمة من وحدة داخلية في المنظمة أو من وكالة خارجية يجب أن يكون هدفها تلبية احتياجات العمل وأن يتم التحكم فيها وصولا إلى القيمة التي تقدمها للمنظمة.
- يجب أن تعكس الخدمات الاستراتيجيات والسياسات المحددة للمنظمة.
- يتم تحديد هذه المتطلبات الجديدة أو المتغيرة والموافقة عليها وتوثيقها في مرحلة استراتيجية الخدمة ويكون لكل منها مجموعة محددة مرتبطة من الأهداف الإستراتيجية.
- يتم تمرير المتطلبات إلى مرحلة تصميم الخدمة حيث يتم إنتاج تصور أو حل مناسب للخدمة مع تحديد كل ما هو ضروري لتنفيذ الحل خلال المراحل التالية من دورة الحياة.
- يتم تمرير التصميم إلى مرحلة انتقال الخدمة حيث يتم بناء الخدمة وتقييمها واختبارها والتحقق من صحتها ونقلها إلى بيئة تشغيل الخدمة.
- تتحمل مرحلة الانتقال مسؤولية دعم الخدمة في بداياتها والتخلص التدريجي من أي خدمات لم تعد مطلوبة.
- تركز عملية تشغيل الخدمة على توفير خدمات تشغيلية فعّالة لتحقيق النتائج والقيمة التجارية المطلوبة للعميل ويتم قياسها فعليًا.

دورة حياة إدارة الخدمة

يوضح الشكل رقم (7) دورة حياة إدارة الخدمة و مراحلها.

- يحدد التحسين المستمر للخدمة فرص التحسين التي قد تنشأ في أي مكان ضمن أي من مراحل دورة الحياة.
- يعتمد التحسين على قياس وإعداد تقارير عن كفاءة وفعالية الخدمات و التكلفة والامتثال والتكنولوجيا المستخدمة لإدارة العمليات.
- يمكن تحديد التحسينات لأي مرحلة من مراحل دورة الحياة رغم أن القياسات يتم إجراؤها أثناء المرحلة التشغيلية.
- نظام إدارة المعرفة و إدارة محفظة الخدمة و كتالوج الخدمة يقدم و يستقبل معلومات من المراحل الخمسة.

مراحل دورة حياة إدارة الخدمة

- استراتيجية الخدمة.
- تصميم الخدمة.
- انتقال الخدمة.
- تشغيل الخدمة.
- التحسين المستمر.

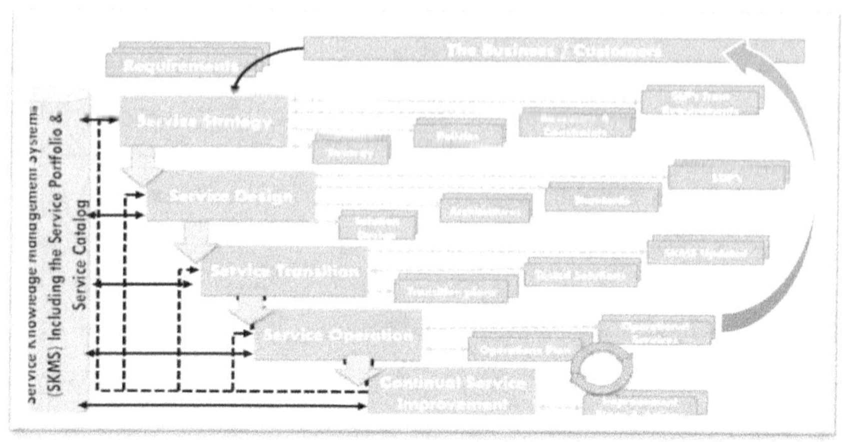

الشكل رقم (7) يوضح دورة الحياة و علاقات مراحلها الخمسة.
ITIL® V3 FOUNDATION CERTIFICATION E-LEARNING COURSE.

<u>مرحلة استراتيجية الخدمة</u>

- تحديد الاحتياجات والأولويات والمتطلبات والأهمية النسبية للخدمات المطلوبة و تحديد نماذج نشاط الأعمال.
- تحديد القيمة التي سيتم تخليقها من خلال الخدمات و الموارد المالية المتوقعة اللازمة لتصميمها وتنفيذها ودعمها.
- وضع موازنات تشغيلية و استثمارية لتكنولوجيا المعلومات.
- صياغة محفظة الخدمات و المشروعات.

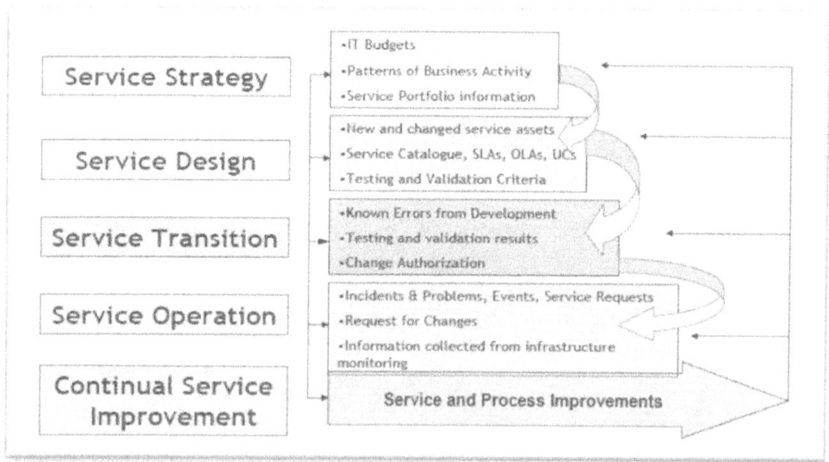

الشكل رقم (8) يوضح تتابع مراحل الحياة و مختصر مفيد عن كل مرحلة.
ITIL V3 Foundation Complete Certification Kit-The Art of Service Pty Ltd.

مرحلة تصميم الخدمة

- تصــميم البنيـة التحتيـة والعمليـات وآليـات الدعم اللازمـة لتلبيـة متطلبات توفر الخدمة للعملاء و التنسيق مع عمليات التحسين.
- تعديل كتالوج الخدمات وفقا للخدمات الجيدة أو المتغيرة.
- إجراءات إختبارات الفعالية و التحقق من المواصفات القياسية.
- التحقق من اجراءات مستندات مستوى الخدمة.

مرحلة انتقال الخدمة

- الخدمة تلبي المتطلبات الوظيفية والفنية و معايير الجاهزية.
- مراجعة تقارير الأخطاء المعروفة وفقا لمعايير التطوير.
- مراجعة إجراءات الإختبارات اللازمة قبل انتقال الخدمة للعملاء.
- التنسيق مع إجراءات التغيير.

مرحلة تشغيل الخدمة

- مراقبة مؤشرات توفر الخدمة.
- إدارة الطلبات و المشكلات و الحوادث و الأحداث و طلبات التغيير.
- مراقبة و تسجيل أداء عناصر البنية التحتية.

مرحلة التحسين المستمر للخدمة

- التنسيق لجمع البيانات عن جودة وأداء الخدمات المقدمة و الموردة.
- تطوير وتنسيق خطط تحسين الخدمة.
- مراجعة تقارير رضا العملاء و مقترحات التحسين.

تصنيف عمليات دورة حياة إدارة الخدمة

يوضح الشكل (8) مراحل دورة حياة الخدمة الخمسة و عمليات كل مرحلة. و تشير أفضل الممارسات إلى تصنيف العمليات وفقا لعلاقتها بأهداف إدارة قيمة الخدمة و درجة تأثيرها فى دورة الحياة.

عمليات الإستقرار و توحيد الجهود (خضراء).

- إدارة المعرفة.
- إدارة أصول الخدمة و الكونفجيوريشن.
- إدارة التغيير.
- إدارة الطلبات.
- إدارة الأحداث.
- إدارة المشكلات.
- إدارة الحوادث.

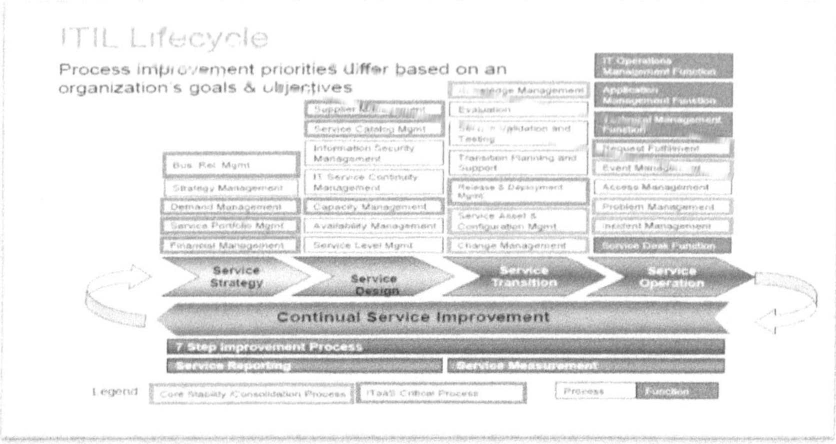

الشكل رقم (9) تصنيف عمليات دورة حياة إدارة الخدمات
EMC Professional Services-Mary Lou.

<u>عمليات هادئة (تتطلب الخبرة و الدقة و إدارة الوقت).</u>

- ➢ إدارة الإستراتيجية.
- ➢ إدارة أمن المعلومات.
- ➢ إدارة الوصول وتسجيل الدخول.
- ➢ إدارة إستمرارية الخدمة.
- ➢ إدارة توفر الخدمة.
- ➢ إدارة مستوى الخدمة.
- ➢ إدارة التقييم.
- ➢ إدارة الإختبار و التحقق من الصحة.
- ➢ إدارة تخطيط الإنتقال و الدعم.
- ➢ إدارة تقارير الخدمة.
- ➢ إدارة قياسات الخدمة.

<u>عمليات هامة وحرجة</u>

- ➢ إدارة علاقات العمل.
- ➢ إدارة المنطلبات.
- ➢ إدارة محفظة الخدمة.
- ➢ إدارة الشئون المالية.
- ➢ إدارة التوريد.
- ➢ إدارة كتالوج الخدمة.

❧ إدارة القدرة\السعة.
❧ إدارة الإصدار و النشر.
❧ إدارة إطلبات الخدمة.

وظائف إدارة الخدمات

وظيفة إدارة تكنولوجيا المعلومات.

❧ البنية التحتية و الشبكات.
❧ الخوادم بأنواعها و قواعد البيانات.
❧ مراكز البيانات و وحدات التخزين.
❧ الأجهزة و الملحقات.

وظيفة إدارة التطبيقات.

❧ التطبيقات المالية.
❧ التطبيقات التجارية.
❧ تطبيقات الشئون الإدارية.

وظيفة إدارة عمليات التشغيل.

- إدارة التحكم فى العمليات.
- إدارة التسهيلات.
- وظيفة إدارة مكتب الخدمة.

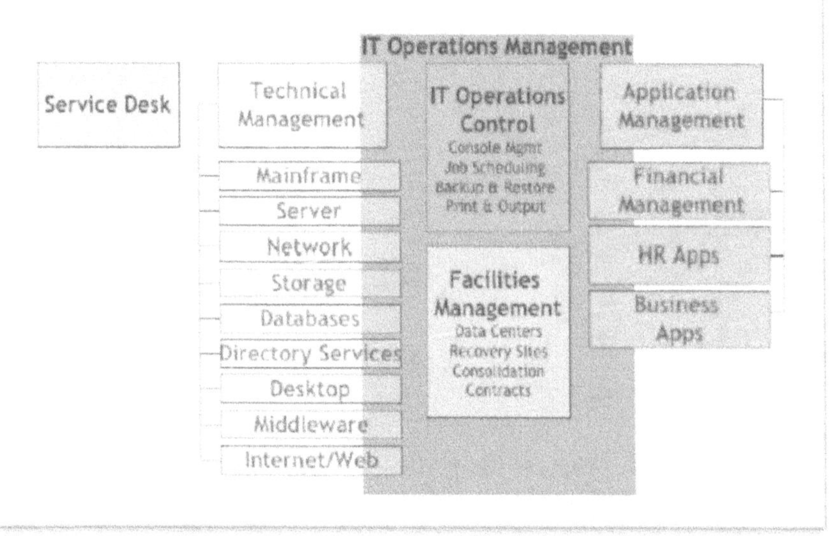

الشكل رقم (10) يوضح الوظائف الرئيسية فى النظام.
EMC Professional Services-Mary Lou.

<u>تكامل عمليات دورة حياة إدارة الخدمة</u>

- تعتمد قوة دورة حياة إدارة الخدمة على الفيدباك بين المراحل المتكاملة.
- كل مرحلة تتلقى مدخلات من مخرجات مرحلة أخرى فى دورة الحياة.
- تضمن هذه المنهجية أن عملية تحسين الخدمة تدار من منظورقيمة الأعمال التى يتم قياسها وفقا لشروط القيمة التجارية للخدمات.
- دورة حياة الخدمة لا تتطلب استمرار التتابعية الخطية في التنفيذ.
- خلال دورة حياة الخدمة تتم عملية المراقبة و الرصد و القياس و التحليل و تتدفق النتائج بين المراحل كما فى الشكل رقم (11) .
- يسهل ذلك المنهاج سرعة إتخاذ قرارات تصحيح مبكرة في المسار.
- مرحلة استراتيجية الخدمة تعتمد على تغذية إستجابات المراحل التالية لوضع الخطة الإستراتيجية والسياسات و المعايير.
- جميع المراحل التالية لإستراتيجية الخدمة تقدم تقارير أداء ونسب تحقيق أهداف الخطة و فرص تصحيحية للتحسين.
- كل مرحلة تقدم للمرحلة السابقة لها دروسا مستفادة للتحسين.
- مرحلة التحسين المستمر مدمجة فى جميع المراحل.

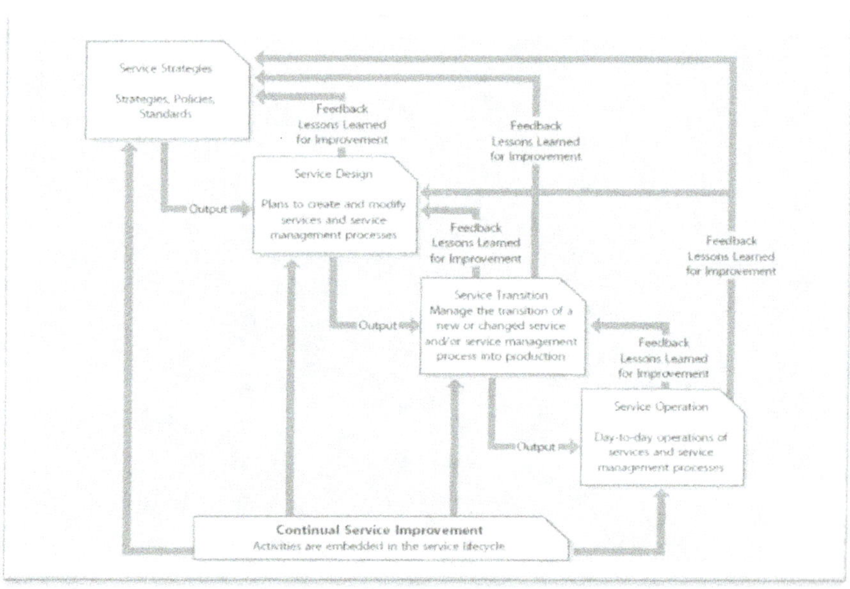

الشكل رقم (11) يوضح تكامل عمليات دورة حياة الخدمة.

TSO@Blackwell and other Accredited Agent

الفصل الثانى: إستراتيجية الخدمة

تعريف

- هى نقطة الارتكاز في تحديد أهداف الجودة و اتخاذ اجراءات و عمليات قابلة للقياس و تقييم الأداء و رضا المستفيدين.
- يتم تحديد أولويات عمليات توفير الخدمات فى قوائم مصنفة وفقا لمعايير محددة متاحة يتم تحديثها وفقا للمستجدات.
- تركز إستراتيجية الخدمة على وضع مخططات إدارة اقتصاديات الخدمات وفقا لمعاييرتحليل السوق التكنولوجى و مواكبة التطور السريع فى تكنولوجيا النظم, ودراسة تطور موردي التكنولوجيات و الخدمات.

عمليات إستراتيجية الخدمة

- إدارة أهداف جودة الخدمة و آليات تقييم الأداء.
- إدارة طلبات الخدمات وفقا لمحفظة الخدمات.
- إدارة وثائق و مخططات الموازنات الإستثمارية و التشغيلية.
- الإدارة المالية لخدمات تقنية المعلومات(طلبات توريد و لجان التطوير و المشروعات).
- إدارة قوائم موردي الخدمات والمهمات وتقييم الموردين.
- إدارة علاقات العمل و تقييم الأداء.

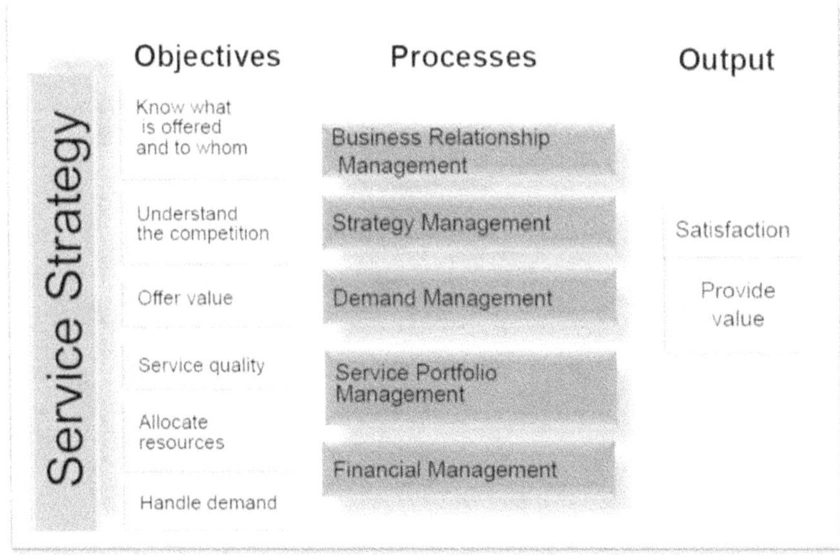

الشكل رقم (12) استراتيجية الخدمة.
EMC Professional Services-Mary Lou

أهم عناصر الإستراتيجية

إدارة العلاقات التجارية مع الموردين.

إدارة الإستراتيجية.

- السياسات.
- الأهداف والمعوقات.
- طرق خلق القيمة.
- أصول الخدمة.
- إمكانيات الخدمة ومواردها.

الإدارة المالية.

- الميزانية.
- المحاسبة و المدفوعات.
- الشحن و المقبوضات (فى حالة تقديم الخدمات لشركات أخرى).
- التكاليف.

إدارة محفظة الخدمات.

- إدارة المجموعة الكاملة من الخدمات المقدمة.
- تطوير عروض الخدمات المستقبلية والحالية والمتقاعدة.
- الهياكل الخدمية.

إدارة الطلب.

- السيطرة على المخاطر.
- أنماط التوريد (الموردين الخارجيين و الدعم الفنى الخارجى).

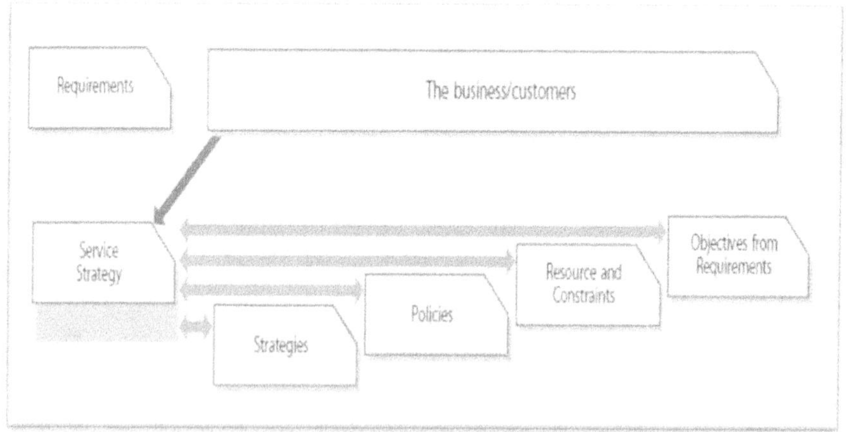

الشكل رقم (13) يبين مخطط إنشاء الإستراتيجية.

TSO@Blackwell and other Accredited Agents

<u>استراتيجية تقديم الخدمة للمؤسسة</u>

- الهدف من إدارة الخدمة هو إتاحة القدرات والموارد المفيدة للعاملين في شكل خدمات بمستويات عالية الجودة والتكلفة وبدون مخاطر.
- يساعد مقدمو الخدمة أنهم زملاء للعملاء مما يمنحهم الاسترخاء من القيود المفروضة على مقدمى الخدمة لعملاء خارجيين ضد منافسين.
- تتوفر الحرية في التركيز على استغلال الموارد وتنسيق التبعيات بين مجموعات مختلفة من المستخدمين و اعتبار الخدمات أصول.

<u>مزايا إعتبار الخدمات كأصول للمؤسسة.</u>

- يعتبرنموذج العمل الجيد لتخليق القيمة و تحقيق أهداف المؤسسة.
- يدرك العملاء الداخليين المنفعة من خصائص الخدمة المرتبطة بنتائج الأعمال ومناسبتها للغرض وتأثيرها الإيجابي على أداء المهام.
- ضمان الاستمرارية وإتاحة الخدمات عند الحاجة بقدرة كافية يمكن الاعتماد عليها

<u>الإدارة المالية للخدمات.</u>

- توفر الإدارة المالية لأعمال تكنولوجيا المعلومات بقياس قيمة الخدمات وقيمة الأصول التي تقوم عليها عملية تقديم تلك الخدمات من الناحية المالية.
- تعمل الإدارة المالية جنبًا إلى جنب مع تكنولوجيا المعلومات للمساعدة في تحديد وتوثيق والاتفاق على قيمة المشتريات التي يتم تلقيها وتمكين نمذجة الطلب على الخدمة وإدارتها.

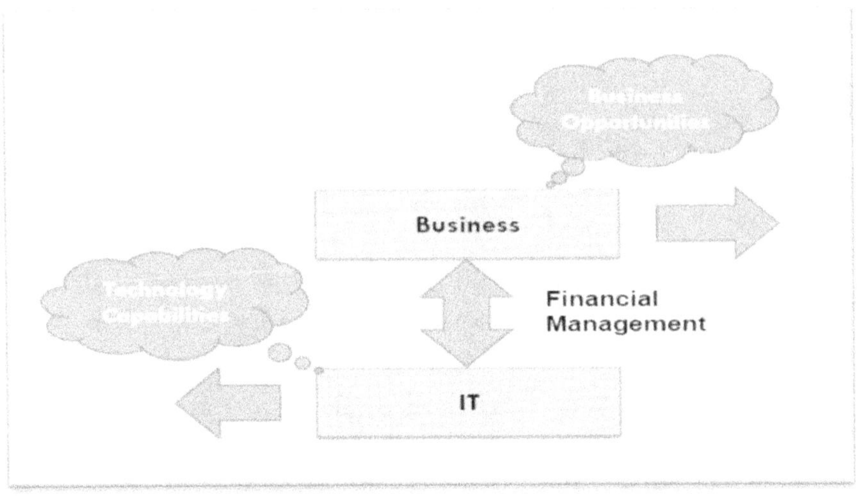

الشكل رقم (14) يبين هدف الإدارة المالية للخدمات.

ITIL V3 Foundation Complete Certification Kit-The Art of Service Pty Ltd.

<u>إدارة الطلبات التجارية</u>

هدف إدارة الطلب هو مساعدة مزود خدمة تكنولوجيا المعلومات في فهم وتأثير طلب العملاء على الخدمات وتوفير القدرة على تلبية هذه المطالب.

استخدام التقنيات للتأثير على الطلب وإدارته بطريقة تقلل من القدرة الزائدة ولكن لا تزال متطلبات العمل والعملاء مُلباة.

تحديد وتحليل أنماط النشاط التجاري (PBA) و هو ملف تعريف عبء العمل لنشاط تجاري واحد أو أكثر يختلف بمرور الوقت و يمثل متطلبات العمل المتغيرة.

تحديد ملفات تعريف المستخدم (UP) التي تولد الطلب و هو ملف تعريف نمط طلب المستخدم لخدمات تكنولوجيا المعلومات و يتضمن كل ملف تعريف مستخدم واحدًا أو أكثر من أنماط النشاط التجاري.

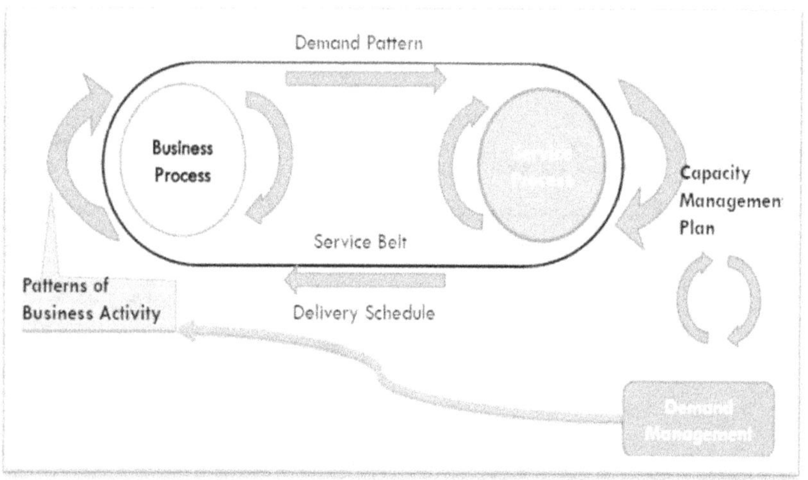

الشكل رقم (15) يوضح عملية إدارة الطلبات و علاقتها بخطة القدرة.
ITIL® V3 FOUNDATION CERTIFICATION E-LEARNING COURSE

<u>أهداف الإدارة المالية للخدمات</u>

➤ تعزيز عملية صنع القرار فيما يخص الإعتمادات المالية المجدولة.

➤ سرعة إجراءات التغيير من خلال دورة مستندية للمهمات المطلوبة.

➤ إدارة محفظة الخدمات بفعالية مخططة.

➤ الامتثال والرقابة المالية على جميع العمليات الإستثمارية و التشغيلية.

➤ إحكام السيطرة على العمليات الفنية و نتائجها الإقتصادية.

➤ تقدير القيمة وتخليقها من خلال نماذج مبررات الشراء.

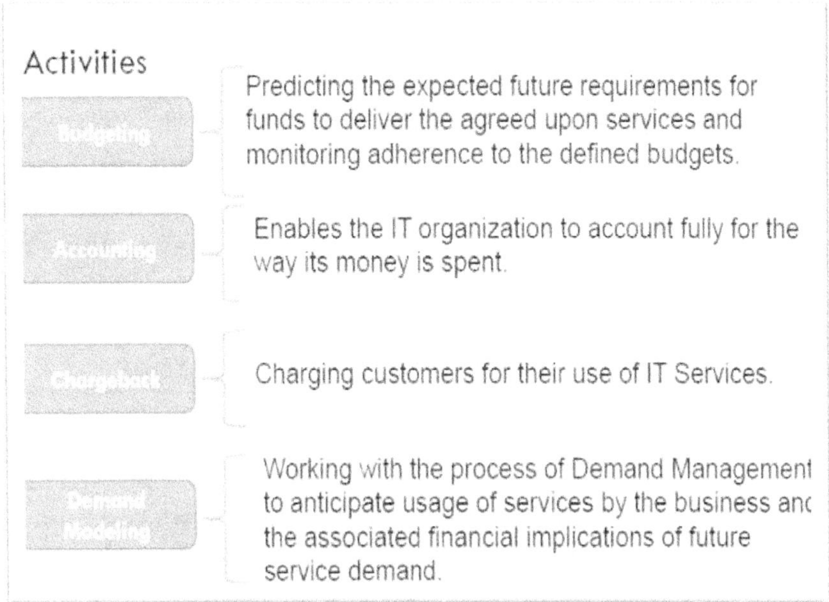

الشكل رقم (16) يوضح العمليات المالية أحد عناصر الإستراتيجية.

ITIL® V3 FOUNDATION CERTIFICATION E-LEARNING COURSE

<u>أنشطة إدارة الشؤون المالية لخدمات تكنولوجيا المعلومات.</u>

<u>التمويل أو إعداد الميزانية Budgeting</u>

التنبؤ بالمتطلبات المستقبلية المتوقعة للأموال لتقديم الخدمات المتفق عليها ومراقبة الالتزام بالميزانيات المحددة.

ضمان توفير الموارد المطلوبة لتمويل تكنولوجيا المعلومات و تحسين الحالة التجارية لمشاريع وعمليات تكنولوجيا المعلومات.

<u>المحاسبة Accounting</u>

المحاسبة الكاملة للطريقة التي يتم بها إنفاق أموالها.

يتم استخدام نماذج التكلفة لتحديد التكاليف حسب العميل أو الخدمة أو النشاط أو المجموعات المنطقية الأخرى. تدعم المحاسبة في تكنولوجيا المعلومات إعداد الميزانية بشكل أكثر دقة وتضمن أن أي طريقة تحصيل مستخدمة بسيطة وعادلة وواقعية.

<u>استرداد التكاليف Chargeback</u>

استرداد التكاليف من العملاء مقابل استخدامهم لخدمات تكنولوجيا المعلومات. يمكن تنفيذ تحصيل التكاليف بعدة طرق لتشجيع الاستخدام الأكثر كفاءة لموارد تكنولوجيا المعلومات.

19

<u>تقييم الخدمات ماليا</u>

- يحدد تقييم الخدمات من الناحية المالية حجم التمويل المطلوب عند إعداد الموازنات السنوية قبل بدء العام المالى.
- تقوم الإدارة بحساب وتعيين قيمة نقدية تقديرية لكل بند من البنود الحيوية لإستمرارية العمليات و الخدمات.
- إدارة تكنولوجيا المعلومات تحسن الإستفادة من المخصصات المعتمدة على أساس القيمة و تنفيذ الأعمال المدرجة المتفق عليها لتلك الخدمات.

<u>بنود تقييم الخدمات ماليا</u>

- تكاليف تراخيص الأجهزة والبرمجيات.
- رسوم الصيانة السنوية للأجهزة والبرمجيات الخارجية.
- مصروفات العقود المستخدمة في دعم أو صيانة الخدمة.
- رسوم التسهيلات ومراكز البيانات أو التسهيلات الأخرى.
- الضرائب ورسوم رأس المال أو الفوائد.
- تكاليف عقود سنوية لخدمات الإنترنت و الإتصالات و أجهزة اللاسلكى.

<u>ديناميكيات التكلفة المتغيرة</u>

- تركز على تحليل و فهم العديد من المتغيرات التي تؤثر على تكلفة الخدمة.
- دراسة مدى حساسية هذه العناصر للتغيير وتغير القيمة الإضافية.

<u>سجلات تكاليف الخدمة</u>

تعيين طريقة إدخال التكلفة المناسبة للخدمة اعتمادًا على كيفية تعريف الخدمات ودقة تعريفات مكونات الخدمة الفرعية الإضافية.

<u>تحديد أنواع التكلفة</u>

- تحديد فئات النفقات ذات المستوى الأعلى مثل الأجهزة والبرامج والعمالة والإدارة وما إلى ذلك.
- تساعد هذه السمات في إعداد التقارير وتحليل استخدام الخدمات ومكوناتها وتحديد الطلب وفقا للتصنيفات المالية للتكلفة شائعة الاستخدام.

<u>تصنيفات التكلفة</u>

رأس مالية/تشغيلية.
تكاليف مباشرة/غير مباشرة.
تكاليف ثابتة/متغيرة.
وحدات التكلفة.

20

<u>المنفعة و الضمان</u>

يوضح الشكل رقم الشكل (17) أهم عنصرين من عناصرالإستراتيجية التى تساهم فى تخليق القيمة وهما المنفعة والضمان لأنهما يحددان جودة الخدمات. المنفعة والضمان يسيران جنبًا إلى جنب.
لا يمكن للعملاء الاستفادة من خدمة مناسبة للغرض ولكنها غير مناسبة للاستخدام والعكس صحيح.

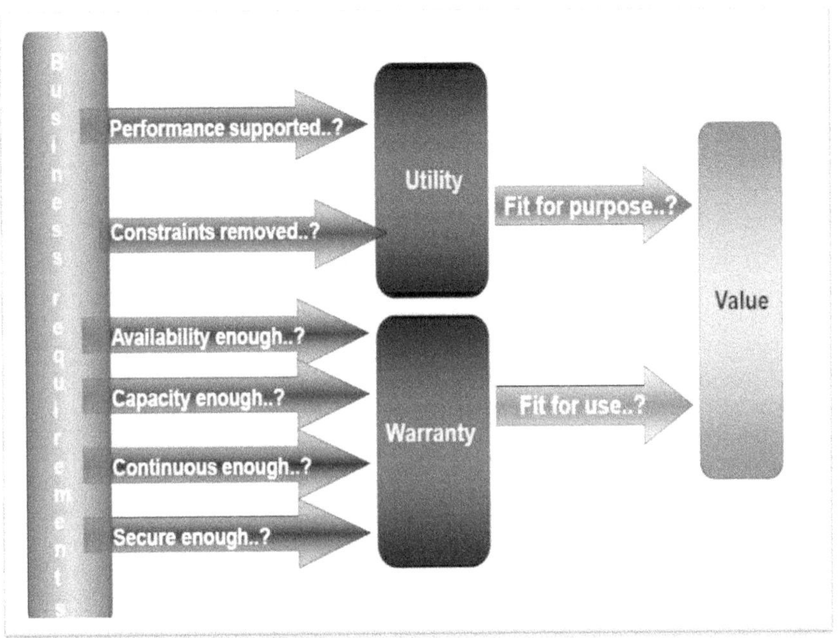

الشكل رقم (17) يوضح المنفعة و الضمان طريقا القيمة للمستخدم
PV203 IT Services Management-Eva Hladká.

<u>المنفعة</u>

- تعنى أن (الخدمة مناسبة للغرض) وتهتم بالمميزات والمدخلات والمخرجات وبما يحصل عليه العميل أو المستخدم.
- المنفعة يدركها العميل من خلال سمات الخدمة التي لها تأثير إيجابي على أداء المهام المرتبطة بالنتائج المرجوة.
- تهتم بالتأثير الإيجابي للخدمة و ما تقدمه للمتطلبات الوظيفية.
- تعتبر إزالة أو تخفيف القيود المفروضة على الأداء تأثير إيجابي.

21

<u>الضمان</u>

- تعنى أن تظل الخدمة ملاءمة و صالحة للاستخدام عند الحاجة إليها و تهتم بمدى جودة تسليمها للعميل.
- تعنى اليقين من التأثير الإيجابي حيث الأمن والتوافر والقدرة والاستمرارية.
- تعنى مدى قدرة نظام الخدمة على القيام بمتطلبات تلك الضمانات على كافة المستويات.

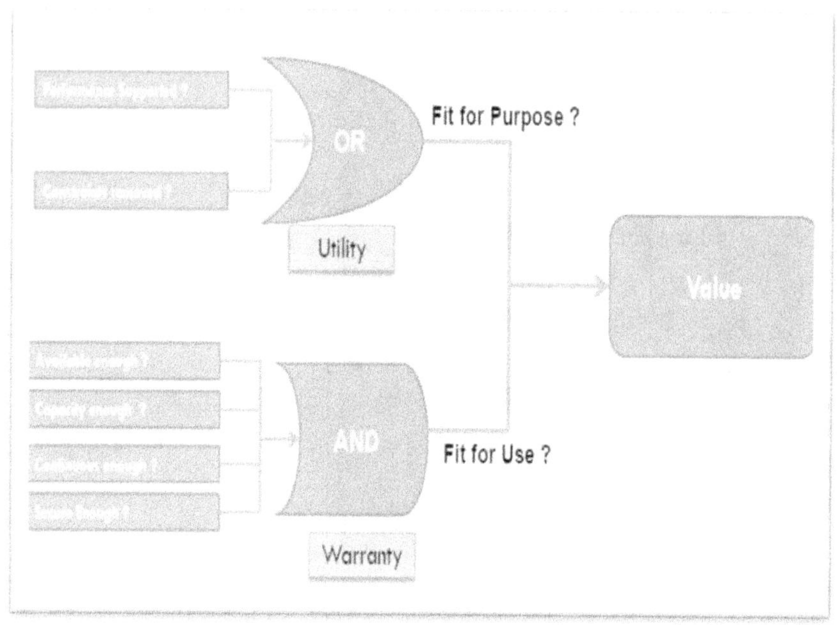

الشكل رقم (18) المنفعة و الضمان و تخليق القيمة
ITIL® V3 FOUNDATION CERTIFICATION E-LEARNING COURSE

القدرات و الموارد

الشكل رقم (19) يبين القدرات و الموارد و تخليق القيمة.

<u>القدرات:-</u>

البشر و المعرفة والعمليات و المؤسسة و الإدارة.

<u>الموارد:-</u>

البشر والمعلومات ولتطبيقات والبنية التحتية ورأس المال.

سمات القدرات و الموارد.

- ⮞ البشر قدرات و موارد فى نفس الوقت.
- ⮞ الموارد و القدرات يتحكمان فى أصول الخدمة لإنتاج الخدمات.
- ⮞ أداء الخدمات يؤثر فى أصول العملاء فينتج القيمة.
- ⮞ القيمة التى استفاد بها العملاء تخلق عائد الأعمال(البيزنس).
- ⮞ موارد المعلومات تُخلق القدرات المعرفية.
- ⮞ موارد التطبيقات تُخلق العمليات.
- ⮞ موارد البنية التحتية تُخلق كيان المؤسسة.
- ⮞ الموارد المالية تُخلق استراتيجية الإدارة.

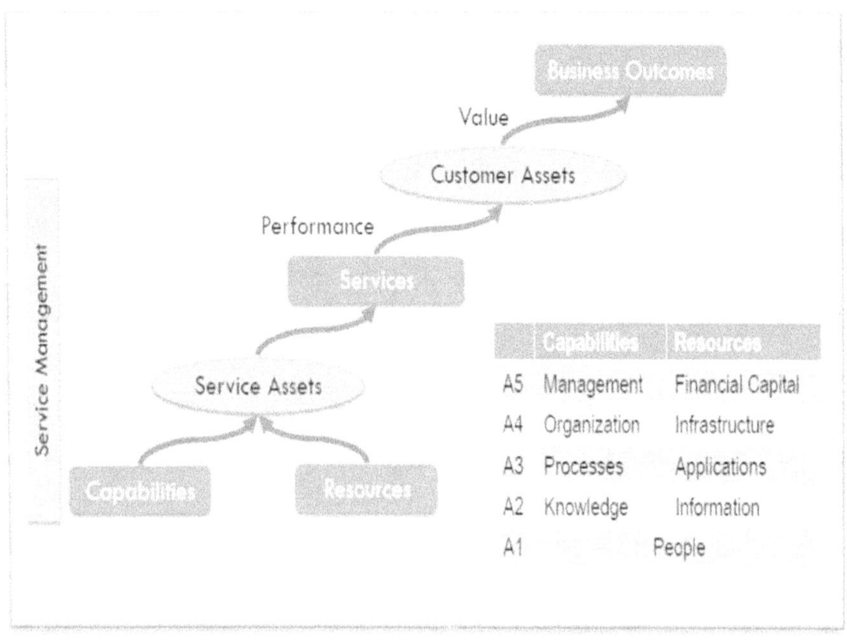

الشكل رقم (19) الموارد و القدرات و تخليق القيمة.
ITIL® V3 FOUNDATION CERTIFICATION E-LEARNING COURSE
توفير و تقديم الخدمة

- ⮞ يتحمل مقدم الخدمة التكاليف والمخاطر ومسؤول عن وسائل تحقيق النتائج.
- ⮞ الخدمة وسيلة لتقديم القيمة للعملاء من خلال تسهيل النتائج التي يرغب العميل في تحقيقها دون تحمل تكاليف أو مخاطر محددة.
- ⮞ يركز العملاء على النتائج مقابل الوسائل.
- ⮞ لا يتحمل العملاء التكاليف او مقابل الخدمة إذا كانوا عملاء نفس المؤسسة التى يعمل فيها نظام توفير الخدمة و قد يدفعون المقابل كعملاء خارجيين.

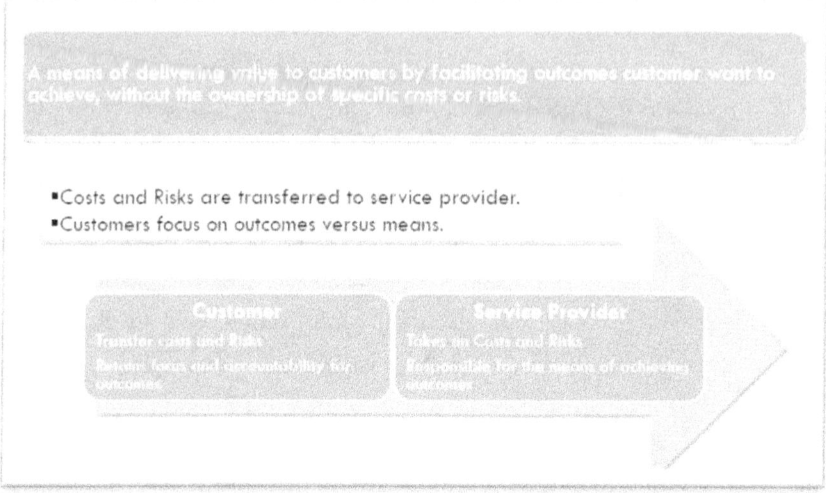

الشكل رقم (20) يبين العلاقة بين موفر الخدمة و العميل.
ITIL® V3 FOUNDATION CERTIFICATION E-LEARNING COURSE.

موفر خدمة داخلي

إدارة تكنولوجيا المعلومات فى شركة كبرى توفر الخدمات لجميع إدارات المؤسسة و العاملين فيها و قد توفر الخدمة لشركات أخرى تحت مظلة نفس المؤسسة القابضة و فى هذه الحالة يصبح توفير مشترك.

موفر خدمة خارجي

- تسند عمليات توفير جميع الخدمات لشركات خارجية محلية أو عالمية وفقا لعقود محددة الشروط و الأحكام.
- بعض الشركات تسند أعمال جزئية مثل توفير العمال أو أعمال التركيبات أو أعمال الصيانة.
- هناك خدمات لا يمكن توفيرها داخليا مثل خدمات الإتصالات و الإنترنت و خدمات تراخيص البرامج و الدعم الفنى عبر الخدمات السحابية وفقا لعقود توريد مع وكلاء شركات أنظمة تخصصية استيراد خارجى.

محفظة الخدمة

- تصف محفظة الخدمة قائمة الخدمات و ترتبها من حيث قيمتها للعملاء وفقا لدراسة الإحتياجات و الاستجابة لها.
- دورها كأساس للقرار الإستراتيجى و تحديد إطار العمل.
- تحديد أسباب طلب الخدمات.
- نماذج التسعيرونقاط القوة والضعف و الأولويات والمخاطر.
- كيفية تخصيص الموارد والقدرات لإنتاج و دعم الخدمات.

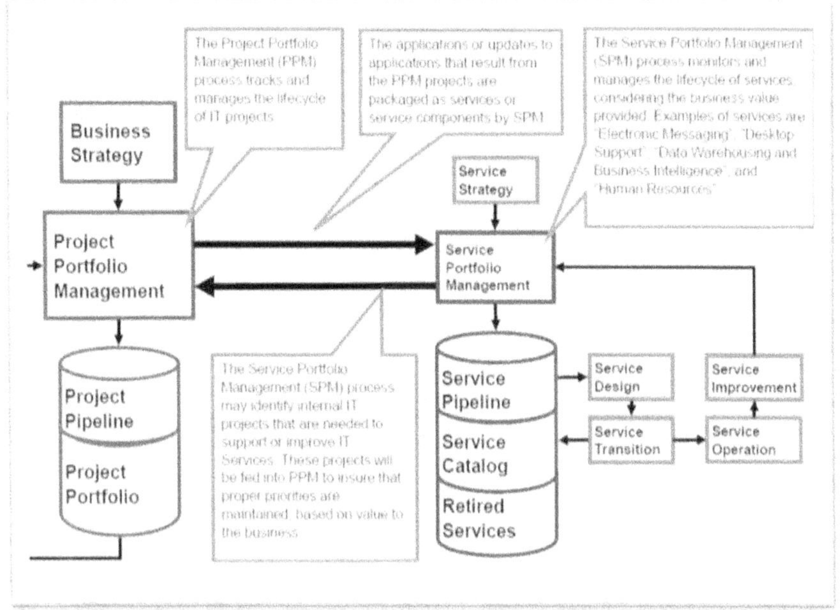

الشكل رقم (21) يوضح إدارة محفظة الخدمة و كتالوج الخدمة جزء منها.
EMC Professional Services-Mary Lou Alter.

إدارة محفظة الخدمات

- طريقة ديناميكية للتحكم فى استثمارات إدارة الخدمات و إدارتها.
- هدفها تحسبن و تعظيم القيمة وتحقيق أقصى قدر من العائد على الاستثمارات مع الحفاظ على أقل مستوى من المخاطر لذلك ترتبط بإدارات التصميم و التحسين المستمر.
- قد تحدد عملية إدارة محفظة الخدمات ضرورة إجراء عمليات تحسين تتطلب مشاريع داخلية لازمة.
- يتم تغذية المعلومات إلى إدارة محفظة المشاريع لضمان الحفاظ على الأولويات المناسبة بناءً على قيمة الأعمال.

أساليب إدارة محفظة الخدمة

الشكل رقم (21) يوضح العلاقة بين إدارة محفظة الخدمة و إدارة محفظة المشروعات.

التحديد:

تحديد سجلات الخدمات و الأرصدة والتأكد من حالات العمل والتحقق من صحة بيانات المحفظة و حصر التطبيقات أو تحديثات التطبيقات و الخدمات الناتجة عن المشاريع أو الخدمات المنتقلة أو المتقاعدة و مخططات التحسين.

<u>التحليل:</u>

مراقبة وإدارة دورة حياة الخدمات و دراسات تعظيم قيمة المحفظة و تحديد الأولويات و آليات المواءمة و التوازن بين العرض والطلب.

الموافقة والإعتماد:

وضع اللمسات الأخيرة على المحفظة المقترحة و الإعتمادات اللازمة لقوائم الخدمات و تخصيص الموارد.

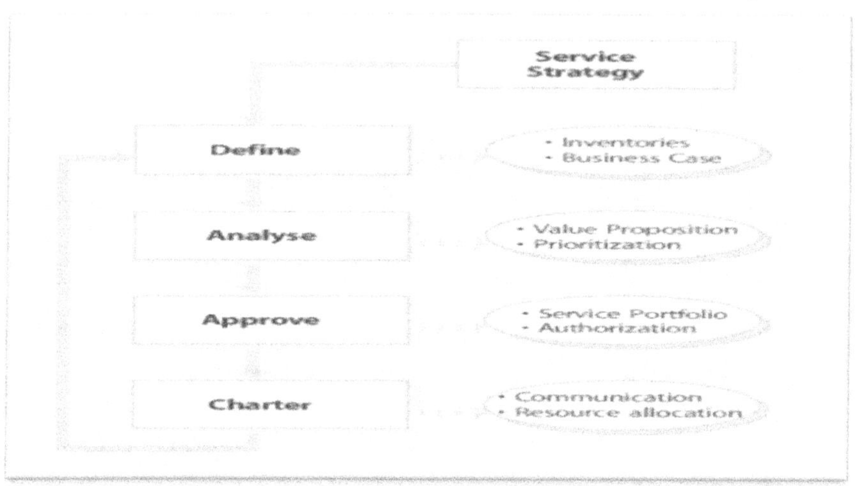

الشكل رقم (22) يوضح إدارة محفظة الخدمة وفقا للخطة الإستراتيجية
EMC Professional Services-Mary Lou Alter.

محتويات محفظة الخدمة

1- كتالوج الخدمة
2- مسارات أنابيب بيانات الخدمات.
3- الخدمات المتقاعدة.

محتويات محفظة المشروعات

1- كتالوج المشروعات.
2- مسارات أنابيب بيانات المشروعات.

كتالوج الخدمة

⮞ عملية إدارة كتالوج الخدمة تضمن إنتاجه وصيانته كى يحتوي على معلومات دقيقة عن جميع الخدمات التشغيلية والخدمات التي يتم نقلها إلى الحالة التشغيلية و الغرض منها.

➢ يعتبر مصدر واحد للمعلومات المتسقة حول جميع الخدمات المتفق عليها والتأكد من إتاحتها على نطاق واسع لجميع العملاء المستهدفين و تعريفها بلغة واضحة وسهلة الفهم.

➢ يتم تحديد روابط و مداخل تحديد اتفاقيات مستوى الخدمة.

➢ يشمل وصف الخدمة و العميل و مكونات الخدمة و مستويات الخدمة و التكاليف.

➢ يتضمن نشر تقارير مؤشرات الأداء مما يسهل التحسين المستمر للعمليات.

<u>العلاقة بالإدارات الأخرى</u>

ترتبط عمليات إدارة محفظة الخدمة و كتالوج الخدمة بعمليات أخرى هى:-

- إدارة مستوى الخدمة.
- الادارة المالية.
- إدارة البنية التحتية.
- إدارة القدرات.
- إدارة التكوين.
- إدارة إستمرارية الخدمة.

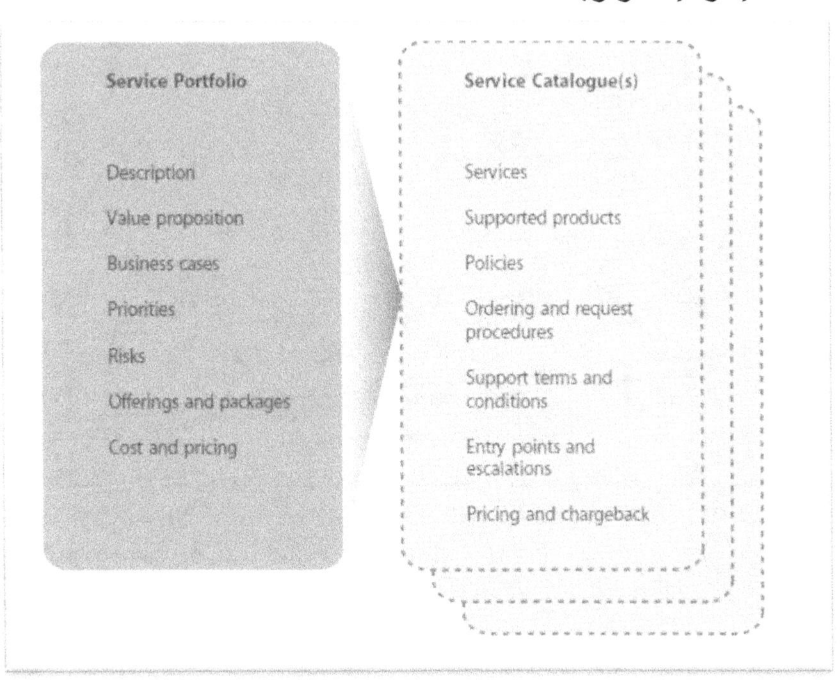

الشكل رقم (23) يوضح محفظة الخدمة و ما تحتويه من كتالوجات الخدمات.
TSO@Blackwell and other Accredited Agents

<u>**حزم الخدمات**</u>

<u>**حزمة الخدمات الأساسية**</u>

تمثل الخدمات الأساسية لمتطلبات و احتياجات العملاء.

<u>**حزمة دعم الخدمات**</u>

تمثل جميع عمليات تمكين و تحسين قيمة الخدمات.

<u>**حزم مستوى الخدمة**</u>

جميع العمليات التى تعرف و تحقق المنفعة و الضمان لما يقدم من حزم الخدمات و تشمل العمليات التالية:

- مستويات توفر الخدمة
- مستويات القدرة\السعة.
- مستويات الأمن.
- إستمرارية الخدمة.

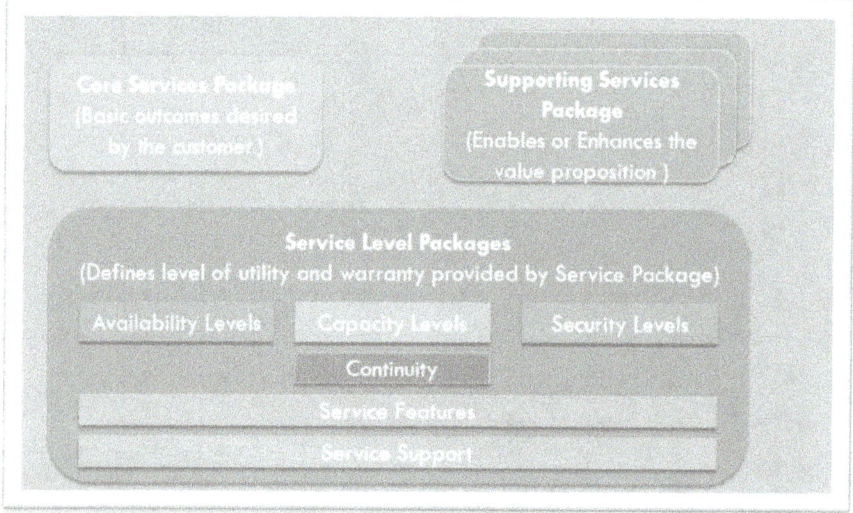

الشكل رقم (24) يبين حزم الخدمات الأساسية ودعم و مستوى الخدمات.
ITIL® V3 FOUNDATION CERTIFICATION E-LEARNING COURSE.

<u>**أدوات و وسائل أتمتة إدارة الخدمات**</u>

<u>**المساعدة الذاتية**</u>

واجهة ويب تقدم مجموعة من خدمة المساعدة الذاتية و الطلبات التي تعتمد على القوائم الإختيارية التى توفرتنفيذ الخدمات و اتصال مباشرمع برنامج معالجة العمليات في الواجهة الخلفية.

محرك سير العمل و العمليات

يسمح بتحديد المسؤوليات والأنشطة والجداول الزمنية ومسارات التصعيد والتنبيه مسبقًا ثم إدارتها تلقائيًا.

نظام إدارة التكوين المتكامل

قاعدة بيانات تسجل جميع عناصر التكوين والعلاقات والسجلات المتعلقة بالحوادث والمشكلات وتكنولوجيا المعرفة وإدارة التغيير.

تطبيقات البحث و النشر

التحقق من بيانات نظام إدارة التكوين والمساعدة في إدارة التراخيص والقدرة على نشر برامج جديدة للمواقع المستهدفة.

وسيلة التحكم عن بعد

- السماح لمجموعات الدعم ذات الصلة بالسيطرة على أجهزة سطح المكتب الخاصة بالمستخدم عن بعد.
- برامج التشخيص والأدوات المساعدة.
- إعداد التقارير ولوحات عرض المعلومات.

الفصل الثالث: تصميم الخدمة

أهداف عملية تصميم الخدمة

- تحويل الأهداف الإستراتيجية المحددة خلال إستراتيجية الخدمة إلى خدمات ومحافظ خدمات.

- استخدام نهج شامل للتصميم لضمان تكامل الوظائف والجودة المتعلقة بالأعمال التجارية من البداية إلى النهاية.

- ضمان اتباع معايير واتفاقيات التصميم المتسقة في جميع الخدمات والعمليات التي يتم تصميمها.

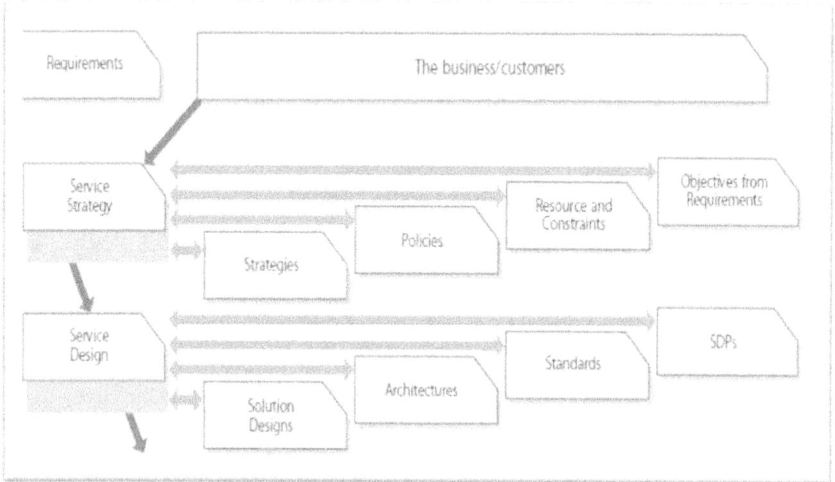

الشكل رقم (25) يبين مخطط تصميم الخدمة.

TSO@Blackwell and other Accredited Agents

عناصر تصميم الخدمة

- خفض التكلفة الإجمالية لتصميم جميع جوانب الخدمات والعمليات بشكل صحيح وتنفيذها وفقًا لمعاييرو قواعد التصميم.

- تحسين جودة الخدمة و تعزيز جودة الخدمة والتشغيل.

- تحسين اتساق الخدمة بتصميم الخدمات ضمن استراتيجية المؤسسة.

- سهولة تنفيذ الخدمات الجديدة أو المتغيرة وتصميم متكامل للخدمة الشاملة.

- تحسين مواءمة و توافق الخدمات الجديدة أو المتغيرة مع احتياجات العمل.

- أداء خدمة أكثر فعالية وفقا لإجراءات الدمج مع خطط إدارات القدرات والتوفر واستمرارية الخدمات.

30

<u>مزايا تصميم الخدمة</u>

- ➢ تحسين حوكمة تكنولوجيا المعلومات مما يساعد في تنفيذ وتوصيل مجموعة من الضوابط للحوكمة الفعالة لتكنولوجيا المعلومات.
- ➢ إدارة أكثر فعالية للخدمات وعمليات تكنولوجيا المعلومات بتصميم العمليات بجودة مثالية وفعالية من حيث التكلفة.
- ➢ تحسين المعلومات وصنع القراربالقياسات الأكثر شمولاً وفعالية والتمكن من اتخاذ قرارات أفضل لإدارة الخدمة والتحسين المستمر.

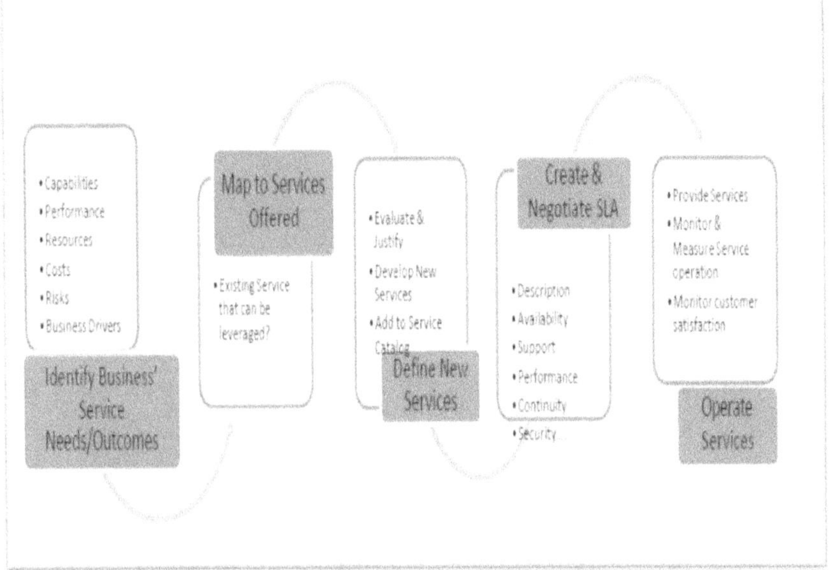

الشكل رقم (26) عمليات تصميم الخدمات
EMC Professional Services-Mary Lou

<u>توجهات تصميم الخدمة</u>

- ➢ تحديد احتياجات الخدمة.
- ➢ ترسيم و تقييم خريطة قدرات الخدمة والتكنولوجيا الحالية
- ➢ تحديد مواصفات الخدمة الجديدة.
- ➢ اتفاقيات مستوى الخدمة الجديدة.
- ➢ تصميم الخدمات بالمستويات المتفق عليها.
- ➢ تجارب و قياسات مؤشرات أداء.

<u>حزمة متطلبات تصميم الخدمة</u>

- • متطلبات العمل.
- • إمكانية تطبيق الخدمة الجديدة.

31

- اتصالات الخدمة.
- المتطلبات الوظيفية للخدمة.
- متطلبات مستوى الخدمة.
- تصميم الخدمة و البنية التحتية.
- معايير قبول الخدمة.
- خطة القبول التشغيلية للخدمة.
- خطة انتقال الخدمة.
- برنامج الخدمة.
- الاستعداد التنظيمي.

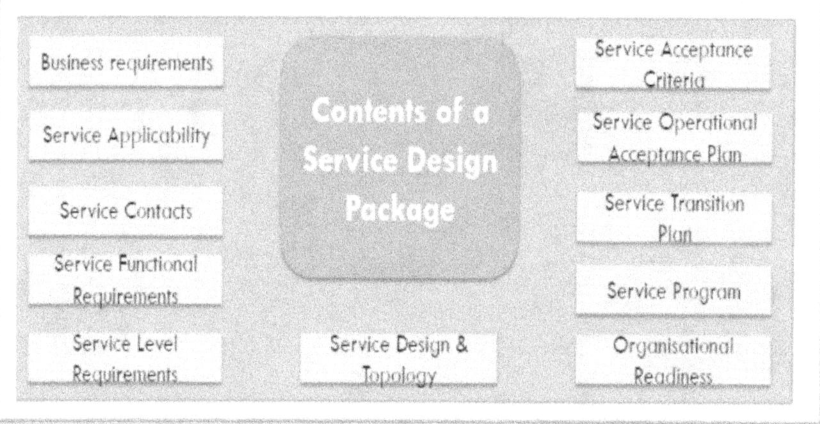

الشكل رقم (27) يوضح حزمة متطلبات تصميم الخدمة.
ITIL® V3 FOUNDATION CERTIFICATION E-LEARNING COURSE.

أنشطة تصميم الخدمة

تتميز هذه المرحلة بشعار الإعتماد على الرباعى(P) و هى الكلمات الأربعة التى تبدأ بحرف (P) فى خطوة جمع معلومات متطلبات أعمال الخدمة.

مفاتيح جمع المعلومات

- البشر Pepole
- العمليات Processes
- المنتجات Products
- الشركاء Parteners

32

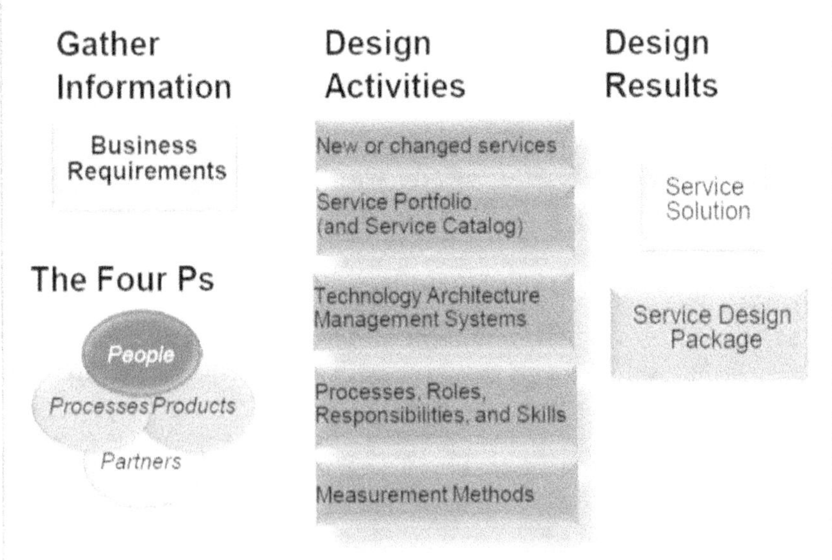

الشكل رقم (28) يوضح أنشطة مرحلة تصميم الخدمة.
EMC Professional Services-Mary Lou

الأنشطة

- خطوات التصميم لخدمة جديدة أو خدمة تحت التطوير أو التغيير.
- متطلبات وتعديلات محفظة الخدمة و كتالوج الخدمة.
- إدارة التصميم التكنولوجى.
- تحديد العمليات و المهارات والأدوارو المسئوليات المطلوبة.
- تحديد طرق القياسات المطلوبة.

مفاتيح نجاح التصميم

البشر

- ⯈ المهارات التى يتمتع بها أفراد إدارة نظام الخدمة.
- ⯈ المؤسسة التى تدير و ترعى و تدعم نظام إدارة الخدمة.
- ⯈ الخبرة التى يكتسبها و يتصف بها منفذى عمليات و أنشطة إدارة الخدمة.

الشركاء

- ⯈ الموردين لمتطلبات النظم و الخدمات.
- ⯈ الشركات المصنعة للتكنولوجيا.
- ⯈ وكيل بيع أجهزة الماركات العالمية.

<u>المنتجات</u>

> الخدمات سنتجات ستهدفة يستفيد بها العملاء و المستخدمين.
> التكنولوجيا الأجهزة و الأنظمة الحديثة المتطورة.
> الأدوات التى تستخدم فى تنفيذ العمليات.

<u>العمليات</u>

> الأنشطة مخطط الممارسات و الأعمال التى تؤدى إلى تخليق القيمة.
> جدول توزيع الأدوار و المهام و المسئوليات.
> التبعيات علاقة العمليات و الأنظمة بغيرها فى سياق العمل.

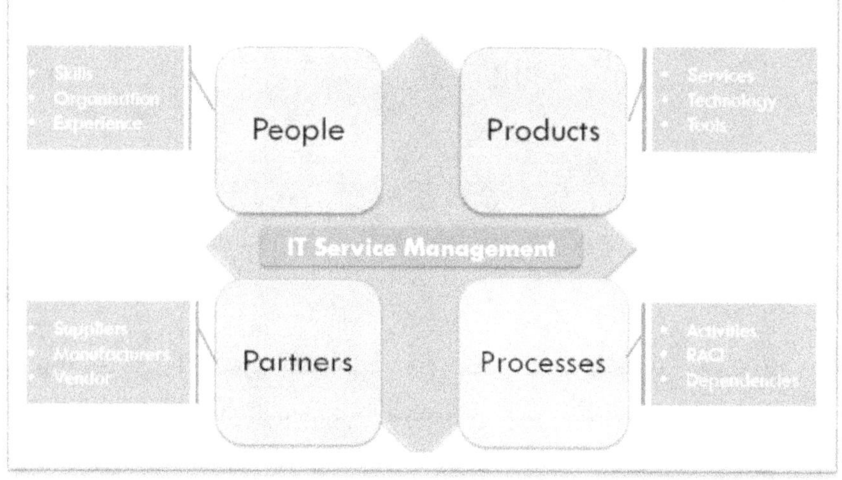

الشكل رقم (29) يبين دور مفاتيح جمع المعلومات فى مرحلة التصميم.
ITIL® V3 FOUNDATION CERTIFICATION E-LEARNING COURSE.

عمليات تصميم الخدمة

> إدارة كتالوج الخدمة (تحدثنا عنها فى موضوع محفظة الخدمة).
> إدارة مستوى الخدمة.
> إدارة الموردين.
> إدارة القدرة\السعة.
> إدارة توفر الخدمة.
> إدارة استمرارية خدمات تكنولوجيا المعلومات.
> إدارة أمن المعلومات.

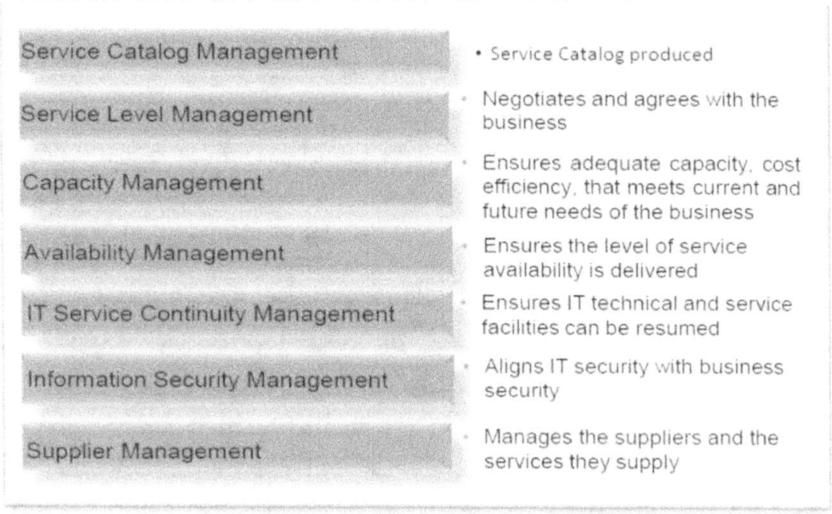

الشكل رقم (30) يبين عمليات مرحلة تصميم الخدمة
EMC Professional Services-Mary Lou

طرق تنفيذ مرحلة التصميم
الاستعانة بمصادر داخلية

يعتمد هذا النهج على استخدام الموارد التنظيمية الداخلية في التصميم والتطوير والانتقال والصيانة والتشغيل و دعم الخدمات الجديدة أو المتغيرة أو المنقحة و عمليات مركز البيانات.

الاستعانة بمصادر خارجية

يستخدم هذا النهج موارد منظمة أو منظمات خارجية في ترتيب رسمي لتوفير جزء محدد جيدًا من تصميم الخدمة وتطويرها وصيانتها وعملياتها و/أو دعمها.

المصادر المشتركة

غالبًا ما يكون هذا مزيجًا من الاستعانة بمصادر داخلية وخارجية معا وذلك باستخدام مصدر خارجى لتصميم جزء من الخدمة وتطويره ونقله وصيانته وتشغيله و/أو دعمه, أو إسناد عملية التصميم و التوريد و التركيب لشركة و الإستلام و التشغيل لشركة أخرى ثم نقل الخدمة للمؤسسة المالكة.

الشراكة أو المصادر المتعددة

ترتيبات رسمية بين مؤسستين أو أكثر للعمل معًا لتصميم خدمة (خدمات) تكنولوجيا المعلومات وتطويرها ونقلها وصيانتها وتشغيلها و/أو دعمها و يميل التركيز هنا إلى أن يكون على الشراكات الإستراتيجية التي تستفيد من الخبرات الهامة أو فرص السوق.

35

الاستعانة بمصادر خارجية للعمليات التجارية (BPO)

الاتجاه فى هذا النموذج لنقل وظائف العمل بأكملها باستخدام الترتيبات، و العقود الرسمية بين المؤسسات حيث توفر إحدى المؤسسات وتدير عملية أو(عمليات) الأعمال أو (الوظائف) الكاملة للمنظمة الأخرى بمقابل منخفض التكلفة مقارنة بتكاليف تعيينات و شراء أنظمة و تكاليف صيانة و قطع غيار و خلافه.

توفير خدمة التطبيقات (ASP)

يتضمن ترتيبات رسمية مع مؤسسة بنظام ASP توفر خدمات مشتركة تعتمد على الكمبيوتر لمؤسسات العملاء عبر الشبكة الدولية الإنترنت و التطبيقات السحابية ويُشار أحيانًا إلى التطبيقات المقدمة بهذه الطريقة باسم "البرامج/التطبيقات حسب الطلب"من خلال مقدمي الخدمات و يمكن تقليل التعقيدات والتكاليف الخاصة بهذه البرامج المشتركة وتقديمها للمؤسسات التي لا يمكنها تبرير مخصصات الاستثمار و اعتبار ذلك بند مصروفات أو عقود استئجار.

الاستعانة بمصادر خارجية لعملية المعرفة (KPO)

أحدث شكل من أشكال الاستعانة بمصادر خارجية KPO هو خطوة متقدمة على BPO في جانب واحد حيث توفر منظمات KPO العمليات القائمة على المجال والخبرة التجارية بدلاً من مجرد الخبرة العملية وتتطلب مهارات تحليلية ومتخصصة متقدمة عن مؤسسات الاستعانة بمصادر خارجية تجارية فقط.

إدارة مستوى الخدمة
أهداف

➢ ضمان توفير مستوى متفق عليه لجميع خدمات تكنولوجيا المعلومات الحالية وأن الخدمات المستقبلية لها مستوى خدمة و هدف يمكن تحقيقه.

➢ تحديد وتوثيق والاتفاق على مراقبة وقياس والإبلاغ عن و تقديم تقارير ومراجعة مستوى خدمات تكنولوجيا المعلومات المقدمة.

➢ توفير وتحسين العلاقة والتواصل بين موردى الأعمال والعملاء.

➢ يتم تنفيذ التدابير الاستباقية لتحسين مستويات الخدمة المقدمة بطريقة مبررة التكلفة.

مصطلحات إدارة مستوى الخدمة
متطلبات مستوى الخدمة (SLR)

تسجيل تفصيلي لاحتياجات العميل و يشكل الأساس لمعايير التصميم لخدمة جديدة أو معدلة.

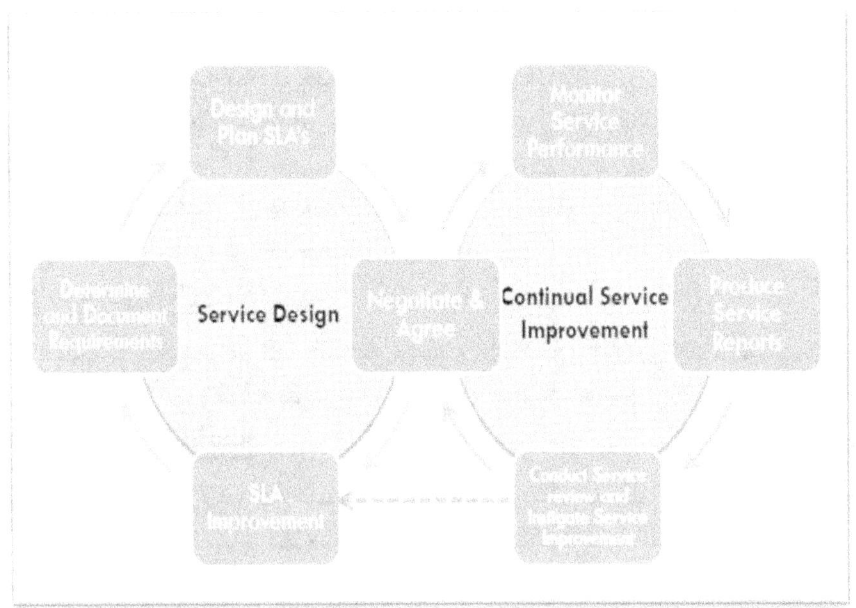

الشكل رقم (31) يبين أنشطة عملية إدارة مستوى الخدمة.
ITIL® V3 FOUNDATION CERTIFICATION E-LEARNING COURSE.

كتالوج الخدمة

بيان مكتوب بخدمات تكنولوجيا المعلومات المتاحة والمستويات الافتراضية والخيارات والأسعار وتحديد العمليات التجارية أو العملاء الذين يستخدمونها.

اتفاقية مستوى الخدمة (SLA)

اتفاقية بين مزود خدمة تكنولوجيا المعلومات والعميل تصف الخدمة وتوثق أهداف مستوى الخدمة وتحدد مسؤوليات موفر الخدمة والعميل.

اتفاقية المستوى التشغيلي (OLA)

اتفاقية بين مزود خدمة تكنولوجيا المعلومات وجزء آخر من نفس المنظمة. تدعم اتفاقية المستوى التشغيلي (OLA) تقديم الخدمات للعملاء وتحدد السلع أو الخدمات التي سيتم توفيرها ومسؤوليات كلا الطرفين.

حزمة تصميم الخدمة (SDP)

المستندات التي تحدد كافة جوانب خدمة تكنولوجيا المعلومات ومتطلباتها خلال كل مرحلة من مراحل دورة حياتها.
يتم إنتاج حزمة تصميم الخدمة لكل خدمة جديدة أو تغيير كبير أو تقاعد خدمة.

<u>**العقد الأساسي (UPC)**</u>

عقد بين مزود خدمة تكنولوجيا المعلومات وطرف ثالث.

يقدم الطرف الثالث سلعًا أو خدمات تدعم تقديم خدمة تكنولوجيا المعلومات للعملاء.

يحدد العقد الأساسي الأهداف والمسؤوليات المطلوبة لتلبية أهداف مستوى الخدمة المتفق عليها في اتفاقية مستوى الخدمة.

<u>**مخطط سلام (SLAM)**</u>

يتم استخدام مخطط مراقبة اتفاقية مستوى الخدمة (SLAM) للمساعدة في مراقبة الإنجازات وكتابة تقرير عنها مقارنة بأهداف مستوى الخدمة.

<u>**أهداف مستوى الخدمة**</u>

التزامات موثقة في اتفاقية مستوى الخدمة تستند إلى متطلبات مستوى الخدمة وهي ضرورية لضمان ملاءمة تصميم خدمة تكنولوجيا المعلومات للغرض. يجب أن تستند إلى مؤشرات الأداء الرئيسية.

<u>**خطة جودة الخدمة**</u>

الخطة المكتوبة ومواصفات الأهداف الداخلية المصممة لضمان مستويات الخدمة المتفق عليها.

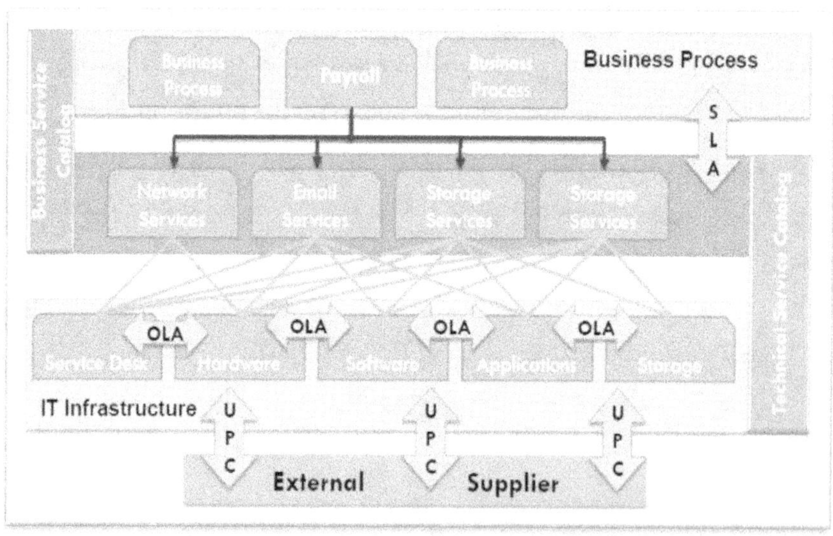

الشكل رقم (32) يوضح مصطلحات إدارة مستوى الخدمة عمليا.

ITIL® V3 FOUNDATION CERTIFICATION E-LEARNING COURSE.

> العقد مع المورد الخارجى لابد أن يتضمن إتفاقية مستوى الخدمة.
> العقد مع العميل الخارجى لابد أن يتضمن إتفاقية مستوى الخدمة.
> بين إدارة الخدمة و العملاء الداخليين اتفاقية المستوى التشغيلى.

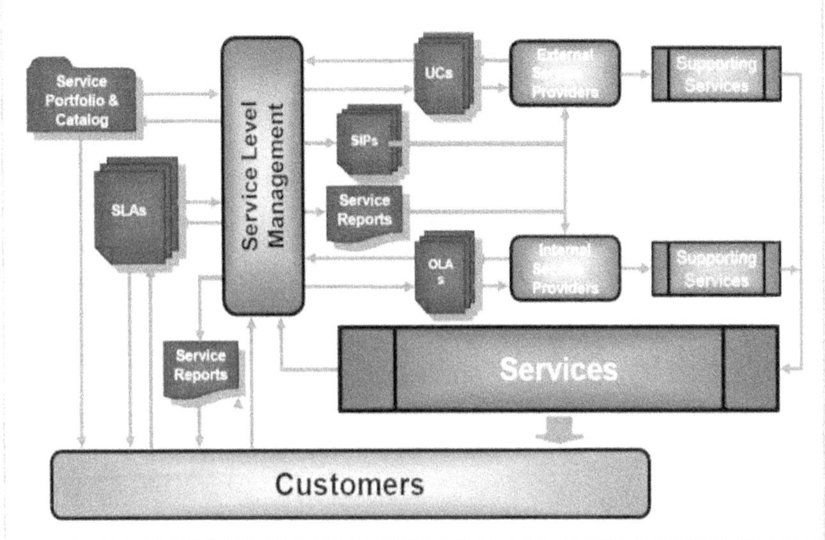

نموذج إتفاقية مستوى الخدمة
بنود الإتفاقية (كما يبينها الشكل رقم (28)

> مقدمة تعريفية.
> وصف الخدمة.
> المسئوليات المشتركة.
> نطاق عمل الإتفاقية.
> عدد ساعات الخدمة.
> توفر الخدمة.
> الإعتمادية على الخدمة.
> إتفاق دعم العميل.
> العلاقات بين الأطراف و طرق التواصل و التصعيد.
> مقاييس\مؤشرات أداء الخدمة.
> الأمان.
> آليات التكاليف و الدفع.

Service Level Agreement
for Service XYZ

- Introduction to the SLA.
- Service description
- Mutual Responsibilities
- Scope of SLA
- Applicable Service Hours
- Service Availability
- Reliability
- Customer Support Agreements
- Relationship and Escalation contacts
- Service Performance Metrics
- Security
- Costs and Charging Mechanisms.

الشكل رقم (33) يبين نموذج إتفاقية مستوى الخدمة.
ITIL® V3 FOUNDATION CERTIFICATION E-LEARNING COURSE.

أنشطة إدارة مستوى الخدمة

- تحديد متطلبات الخدمات الجديدة أو المتغيرة في SLR والتفاوض بشأنها وتوثيقها والاتفاق عليها وإدارتها ومراجعتها من خلال دورة حياة الخدمة في اتفاقيات مستوى الخدمات التشغيلية.
- مراقبة وقياس إنجازات أداء الخدمة لجميع الخدمات التشغيلية مقارنة بالأهداف ضمن اتفاقيات مستوى الخدمة.
- جمع وقياس وتحسين مستوى رضا العملاء.
- إنتاج تقارير الخدمة.
- إجراء مراجعة الخدمة والتحسينات ضمن خطة تحسين الخدمة الشاملة.
- مراجعة وتنقيح اتفاقيات مستوى الخدمة واتفاقيات OLA لنطاق الخدمة والعقود وأي اتفاقيات أساسية أخرى.
- تطوير وتوثيق الاتصالات والعلاقات مع أصحاب الأعمال والعملاء وأصحاب المصلحة.
- تطوير وصيانة وتشغيل إجراءات تسجيل جميع الشكاوى واتخاذ الإجراءات وحلها وتسجيل وتوزيع الإعجابات أيضا.
- توفير المعلومات الإدارية المناسبة لمساعدة إدارة الأداء وإظهار إنجازات الخدمة.
- توفير وتحديث النماذج والمعايير والمستندات.

40

مؤشرات الأداء الرئيسية

يمكن استخدام المقاييس ومؤشرات الأداء الرئيسية (KPIs) للحكم على كفاءة وفعالية أنشطة SLM والتقدم المحرز في SIP ويجب ان يتم تطوير المقاييس الخدمة من منظور العملاء وينبغي أن تغطي كلا من القياسات الموضوعية و الشخصية مثل ما يلي:-

مؤشرات موضوعية:-

- عدد أو نسبة أهداف الخدمة التي يتم تحقيقها.
- عدد وخطورة انتهاكات الخدمة.
- عدد الخدمات المحدثة وفقا لاتفاقيات مستوى الخدمة.
- عدد الخدمات المقدمة في الوقت المناسب و تقاريرمراجعات الخدمات النشطة.

مؤشرات شخصية:-

تحسينات مستوى رضا العملاء و عدد الشكاوى و الإطراءات.

إدارة الموردين

أهداف

- ⮚ إدارة الموردين والخدمات لتوفير جودة سلسة خدمات تكنولوجيا المعلومات والتأكد من الحصول على القيمة مقابل المال.
- ⮚ التأكد من أن العقود والاتفاقيات الأساسية مع الموردين تتماشى مع احتياجات العمل.
- ⮚ إدارة العلاقات مع الموردين.
- ⮚ التفاوض والاتفاق على العقود مع الموردين.
- ⮚ إدارة أداء الموردين.
- ⮚ وضع سياسة وقاعدة بيانات الموردين والعقود الداعمة (SCD).

قاعدة بيانات الموردين و العقود

- استراتيجية وسياسة التوريد و الموردين.
- إضافة موردين و عقود جديدة.
- تصنيف الموردين و تحديث قاعدة البيانات.
- إدارة أداء الموردين و العقود.
- تقييم الموردين و العقود.
- تجديد أو إنهاء العقود.

41

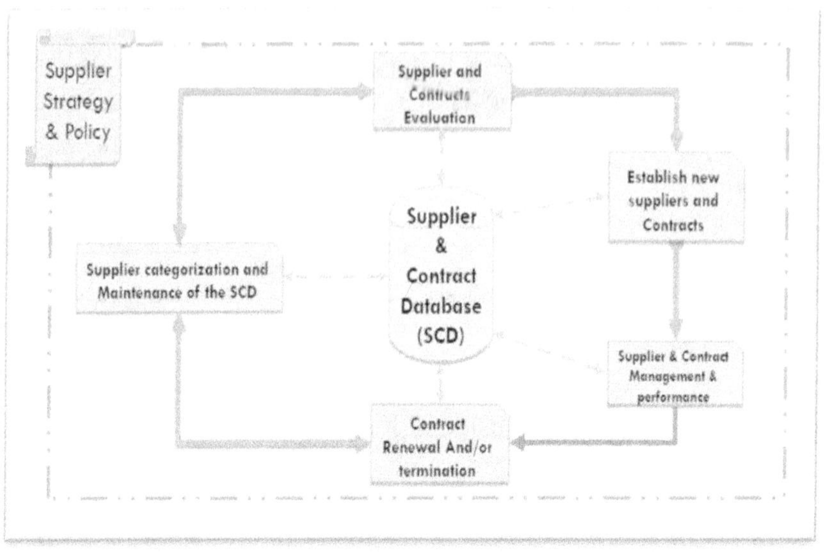

الشكل رقم (34) يبين قاعدة بيانات الموردين و العقود.
ITIL® V3 FOUNDATION CERTIFICATION E-LEARNING COURSE.

العلاقة بين إدارة الموردين و مستوى الخدمة

- تقوم إدارة الموردين و التخطيط بعمليات في جميع مراحل دورة حياة الخدمة. يتطلب العمل فيها الإستخدام الكامل للمهارات والقدرة على توفير مجموعة شاملة من خدمات الأعمال التجارية.

- يتم استخدام شبكات قواعد البيانات و المعلومات عن الموردين والخدمات التي يقدمونها كجزء لا يتجزأ من أي عملية تصميم أو توريد أجهزة أو أنظمة أو قطع غيار.

- إدارة الموردين تعمل من خلال الالتزام بالمعايير التنظيمية و المؤسسية والمبادئ التوجيهية و المتطلبات الإستراتيجية والقانونية والمالية للمؤسسة.

- تلعب استطلاعات الرضا دورًا مهمًا في الكشف عن مدى توافق مستويات خدمة الموردين مع احتياجات العمل.

- قد يحدث حالات إخلال بعض الموردين بمستويات الخدمة التى تم تعريفها ويجب أن تؤدي إلى إعادة النظر في العقود والاتفاقيات والأهداف أو إجراءات إنهاء العقود.

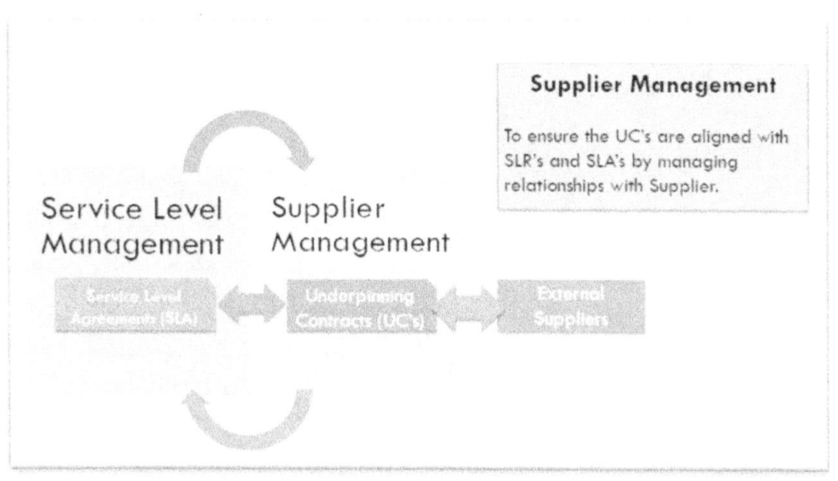

الشكل رقم (35) يبين العلاقة بين لإدارة الموردين و إدارة مستوى الخدمة.

ITIL® V3 FOUNDATION CERTIFICATION E-LEARNING COURSE.

إدارة القدرة\السعة
أهداف

التأكد من أن قدرة أنظمة تكنولوجيا المعلومات مبررة من حيث التكلفة و تحقق متطلبات جميع المجالات و موجودة فى الخدمة دائمًا و في الوقت المناسب وتتوافق مع احتياجات العمل الحالية والمستقبلية المتفق عليها.
التحقق من إنتاج والحفاظ على خطة القدرات المناسبة والمحدثة.

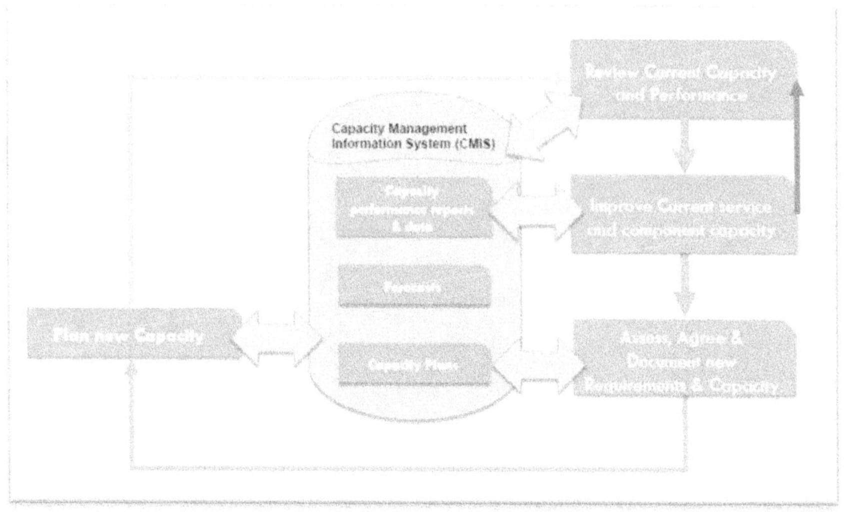

الشكل رقم (36) يبين أنشطة إدارة القدرة.

ITIL® V3 FOUNDATION CERTIFICATION E-LEARNING COURSE.

أنشطة نظام معلومات إدارة القدرات (CMIS)

- ➢ وضع خطة القدرة.
- ➢ تحديد العتبات والتنبيهات والأحداث.
- ➢ مراجعة القدرة الحالية و تقارير الأداء.
- ➢ تقارير وبيانات أداء السعة.
- ➢ تحسين الخدمة الحالية وقدرة المكونات.
- ➢ تقارير التنبؤ و التوقعات لمستقبل خدمات.
- ➢ تقييم المتطلبات والقدرات الجديدة والموافقة عليها وتوثيقها.

عناصر نظام إدارة القدرة

إدارة قدرات الخدمات الخارجية التجارية.

- ➢ يترجم احتياجات العمل وخططه إلى متطلبات الخدمة والبنية التحتية مما يضمن تحديد متطلبات العمل المستقبلية وتصميمها وتخطيطها وتنفيذها.

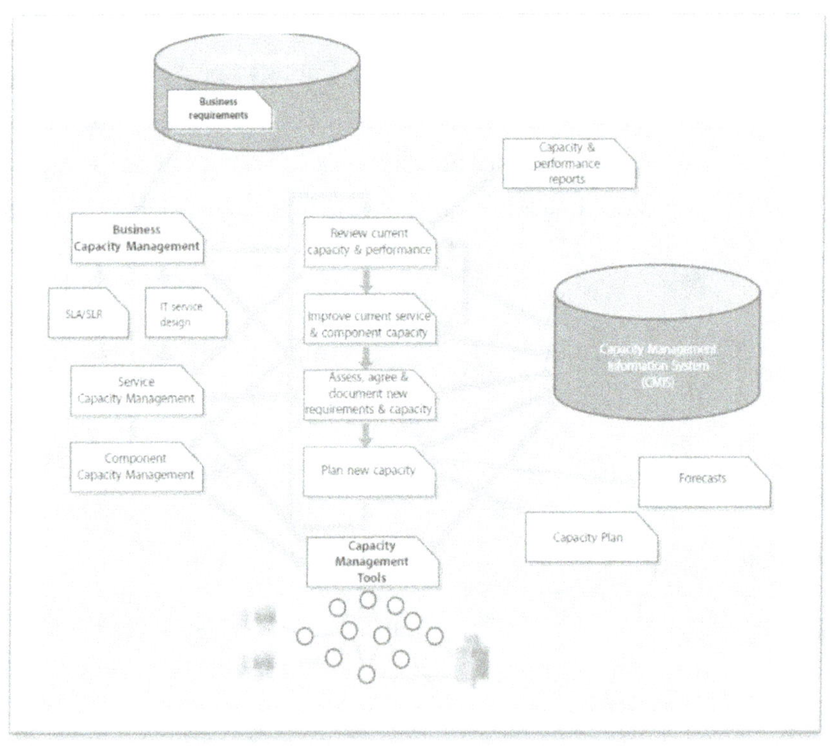

الشكل رقم (37) يبين عناصر نظام إدارة القدرة.
TSO@Blackwell and other Accredited Agents

<u>**إدارة قدرات الخدمة الداخلية بالمؤسسة.**</u>

- إدارة وتحكم وتوقع الأداء الشامل والقدرة على استخدام الخدمات الحية والتشغيلية وأعباء العمل.

- التأكد من مراقبة وقياس أداء جميع الخدمات كما هو مفصل في أهداف الخدمة و ضمن اتفاقيات مستوى الخدمة وSLR وتسجيل البيانات المجمعة وتحليلها واصدار تقارير عنها.

<u>**إدارة قدرات مكونات نظام إدارة الخدمة.**</u>

إدارة وتحكم وتوقع أداء واستخدام وقدرة مكونات أو أجهزة تكنولوجيا المعلومات الفردية.

<u>إدارة توفر الخدمة</u>

<u>الأهداف</u>

- ضمان أن مستوى توافر الخدمة المقدمة في جميع الخدمات يتوافق مع متطلبات العمل الحالية والمستقبلية أو يتجاوزها بطريقة فعالة من حيث التكلفة.

- توفير نقطة تركيز وإدارة لجميع القضايا المتعلقة بالتوافر.

- إنتاج خطة توافر مناسبة ومحدثة والحفاظ عليها.

- ضمان تنفيذ التدابير الاستباقية لتحسين توافر الخدمات حيثما كان ذلك مبررًا من حيث التكلفة.

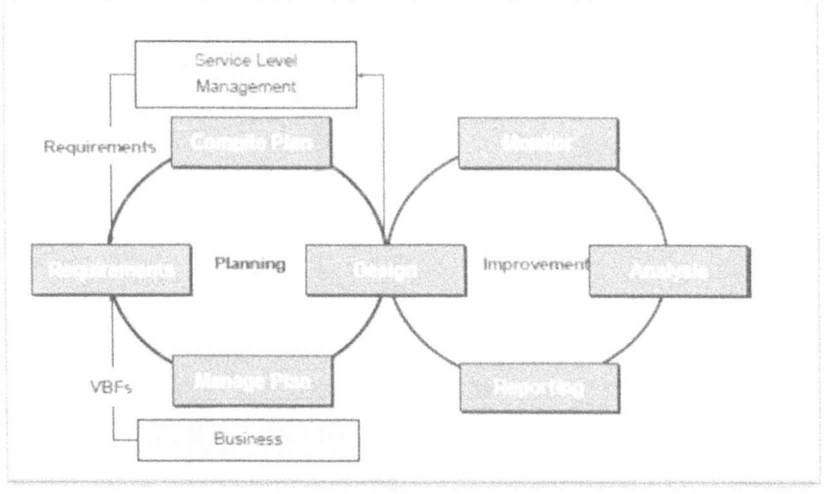

الشكل رقم (38) يبين أنشطة إدارة توفر الخدمة.
ITIL V3 Foundation-The Art of Service Pty Ltd

المصطلحات الأساسية لإدارة توفر الخدمة

مقياس توفر الخدمة

نسبة ساعات الخدمة المتفق عليها التي يكون فيها المكون أو الخدمة متاحًا.

الموثوقية

مقياس للمدة التي يمكن أن تؤدي فيها الخدمة عملها المتفق عليه دون انقطاع.

قابلية الصيانة

مقياس لمدى سرعة وفعالية استعادة الخدمة للعمل الطبيعي بعد حدوث عطل.

قابلية الخدمة

قدرة المورد الخارجي على تلبية شروط عقده و يتضمن هذا العقد مستويات متفق عليها من الموثوقية و الصيانة و التوفر للخدمات أو المكونات.

الوظائف التجارية الحيوية (VBF)

العناصر التجارية المهمة لعملية الأعمال التي تدعمها إدارة الخدمات.

يتم بزل المزيد من الجهود والاستثمارات لحماية هذه الوظائف التجارية الحيوية.

توفر الخدمة

جميع سمات عناصر الخدمة التى تؤثر على أداء الخدمة أوعدم توفرها وتأثير المكونات المحتمل فى حالة عدم توفرها على أداء الخدمة.

توفر المكونات

من السمات التى تؤثر على الأداء توفر المكونات أوعدم توافرها.

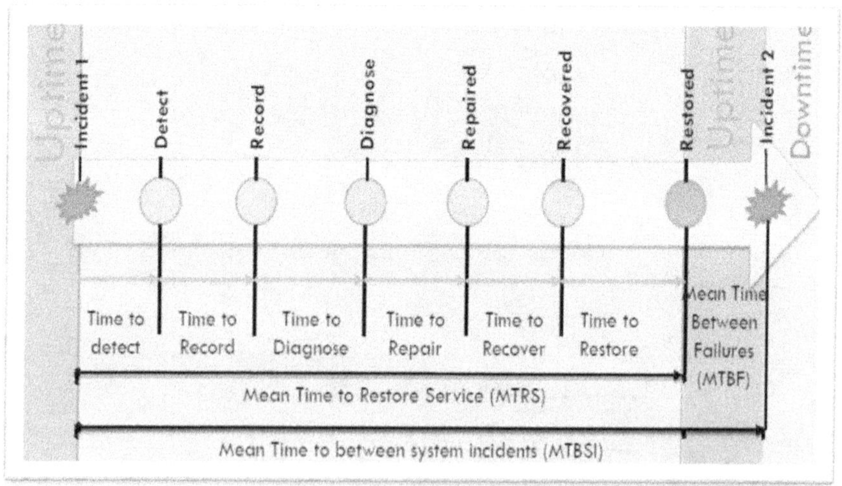

الشكل رقم (39) يبين سجل لفترات حادث من الإنقطاع إلى استعادة الخدمة.
ITIL® V3 FOUNDATION CERTIFICATION E-LEARNING COURSE.

إدارة التوفر وإدارة الحوادث

- إن أحد أهداف إدارة التوفر هو ضمان تقليل مدة وتأثير الحوادث التي تؤثر على خدمات تكنولوجيا المعلومات لتمكين استئناف العمليات التجارية في أسرع وقت ممكن.

- إن دورة حياة الحوادث الموسعة كما فى الشكل (39) تمكن من تحليل إجمالي وقت تعطل خدمة تكنولوجيا المعلومات لأي حادث معين وربطه بالمراحل الرئيسية التي تمر بها جميع الحوادث.

مقاييس إدارة التوفر

- هناك علاقة وثيقة بين إدارة الحوادث و إدارة التوفر فالأولى مهمتها علاج العرض و الإستعادة و الثانية تحليل و تقييم و تحسين.

- دورة حياة الحادث (مقاييس إدارة التوفر) تبين جميع المقاييس الضرورية لتقييم الأداء و تحقيق الأهداف و تطوير الأداء.

متوسط الوقت بين الأعطال (MTBF) أو وقت التشغيل

- متوسط الوقت بين التعافي من حادثة واحدة وحدوث الحادثة التالية و يتعلق بموثوقية الخدمة.

متوسط الوقت لاستعادة الخدمة (MTRS) أو وقت التوقف

- متوسط الوقت المستغرق لاستعادة CI أو خدمة تكنولوجيا المعلومات بعد الفشل

- يقاس من لحظة فشل CI أو خدمة تكنولوجيا المعلومات حتى استعادتها بالكامل وتقديم وظائفها الطبيعية.

متوسط الوقت بين حوادث النظام (MTBSI)

- متوسط الوقت بين حدوث حادثتين متتاليتين.

- مجموع MTRS وMTBF.

العلاقات بين المصطلحات المذكورة أعلاه

- تشير النسبة العالية من MTBF/MTBSI إلى وجود العديد من الأخطاء البسيطة.

- تشير النسبة المنخفضة من MTBF/MTBSI إلى وجود عدد قليل من الأخطاء الرئيسية.

وقت الاكتشاف

- الوقت اللازم لإبلاغ مزود الخدمة بالخطأ.

وقت التشخيص

- الوقت اللازم لاستجابة مزود الخدمة بعد اكتمال التشخيص.

<u>وقت الإصلاح</u>

◄ الوقت الذي يستعيد فيه مزود الخدمة المكونات التي تسببت في الخطأ.

◄ يتم حسابه من وقت التشخيص إلى وقت الاسترداد.

<u>وقت الاستعادة (MTRS)</u>

◄ الوقت الذى يتم فيه استعادة مستوى الخدمة المتفق عليها للمستخدم.

◄ يتم حسابه من نقطة الاكتشاف إلى نقطة الاستعادة.

<u>نقطة الاستعادة</u>

◄ النقطة التي تم فيها استعادة مستوى الخدمة المتفق عليه.

<u>إدارة إستمرارية الخدمة</u>

<u>الأهداف</u>

◄ دعم عملية إدارة استمرارية الأعمال بشكل عام من خلال ضمان إمكانية استئناف الإدارات الفنية والخدمية تقديم الخدمات المطلوبة خلال الأطر الزمنية المطلوبة والمتفق عليها فى المخططات و الأهداف الإستراتيجية.

◄ الحفاظ على مجموعة من خطط استمرارية خدمات تكنولوجيا المعلومات وخطط استرداد الخدمات التي تدعم استمرارية الأعمال بشكل عام للمؤسسة.

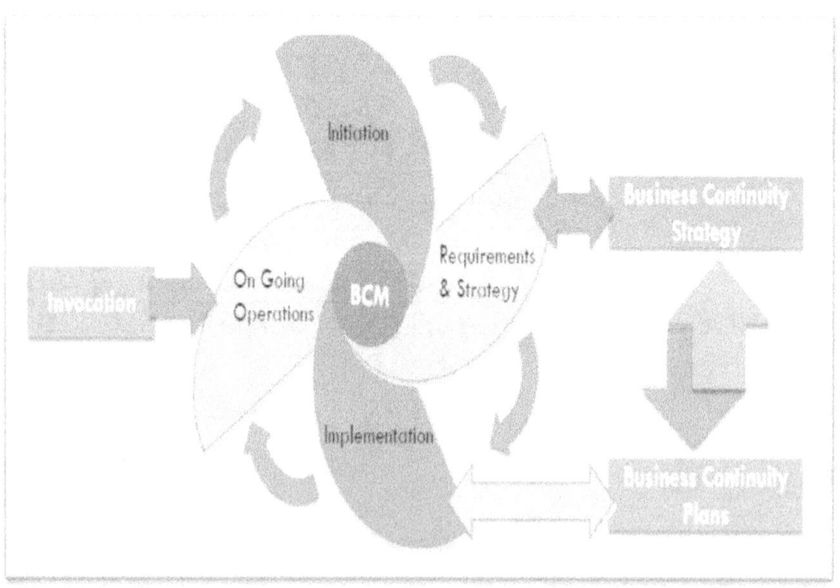

الشكل رقم (40) يبين أنشطة دورة حياة إدارة إستمرارية الخدمة.
ITIL® V3 FOUNDATION CERTIFICATION E-LEARNING COURSE.

خطوات تنفيذ أعمال استمرارية الخدمة

البدء

وضع السياسات وتحديد الاختصاصات وتخطيط المشروع وتخصيص الموارد.

المتطلبات والاستراتيجية

تحليل تأثير الأعمال وتقييم المخاطر.

التنفيذ

تنفيذ تدابير الحد من المخاطر وترتيبات خيار الاسترداد واختبار الخطط.

التشغيل المستمر

التدريب والتعليم والتوعية والتحكم في التغيير في خطط إدارة سلسلة التوريد المتكاملة والاختبار المستمر.

مصطلحات أستمرارية الخدمة الرئيسية

إدارة استمرارية الأعمال (BCM)

- الاستراتيجيات والإجراءات التي يجب اتخاذها لمواصلة العمليات التجارية في حالة وقوع كارثة.
- من الضروري دمج استراتيجية إدارة استمرارية أعمال تكنولوجيا المعلومات (ITSCM) كمجموعة فرعية من استراتيجية استمرارية الأعمال.

تحليل التأثير على الأعمال (BIA)

- يحدد التأثير الذي قد يخلفه فقدان خدمة تكنولوجيا المعلومات على الأعمال.
- يحدد الخدمات الأكثر أهمية للمنظمة وبالتالي فهو مدخلات بالغة الأهمية للاستراتيجية.

الوظائف التجارية الحيوية (VBF)

- العناصر التجارية الحرجة لعملية الأعمال التي تدعمها خدمة تكنولوجيا المعلومات.
- عادةً ما يتم إنفاق المزيد من الجهود والاستثمارات لحماية هذه الوظائف التجارية الحيوية.

المخاطر

- إمكانية وقوع حدث قد يسبب ضررًا أو خسارة، أو يؤثر على القدرة على تحقيق الأهداف.
- يتم قياس المخاطر من خلال احتمالية التهديد، ومدى تعرض الأصول لذلك التهديد والتأثير الذي قد يحدثه إذا حدث.

<u>**تقييم المخاطر**</u>

تحديد وتقييم الأصول والتهديدات والثغرات التي تواجه العمليات التجارية وخدمات تكنولوجيا المعلومات والبنية الأساسية لتكنولوجيا المعلومات والأصول الأخرى.

<u>**إدارة المخاطر**</u>

تحديد استجابات المخاطر المناسبة أو التدابير المضادة المبررة من حيث التكلفة لمكافحة المخاطر المحددة.

<u>**التدابير المضادة:**</u> التدابير اللازمة لمنع الكارثة أو التعافي منها.

<u>**الحل البديل اليدوي:**</u> استخدام حل غير قائم على تكنولوجيا المعلومات للتغلب على انقطاع خدمة تكنولوجيا المعلومات.

<u>**الاسترداد التدريجي:**</u> أوالاستعداد البارد (72< ساعة للتعافي من "كارثة").

<u>**الاسترداد المتوسط:**</u> الاستعداد الدافئ (24-72 ساعة للتعافي من "كارثة")

<u>**الاسترداد الفوري:**</u> باسم الاستعداد الساخن (24 <) ساعة وعادة ما يعني 1-2 ساعة للتعافي من "كارثة").

<u>**الترتيب المتبادل:**</u> الاتفاق مع شركة أخرى ذات حجم مماثل لتقاسم التزامات التعافي من الكوارث.

إدارة أمن المعلومات

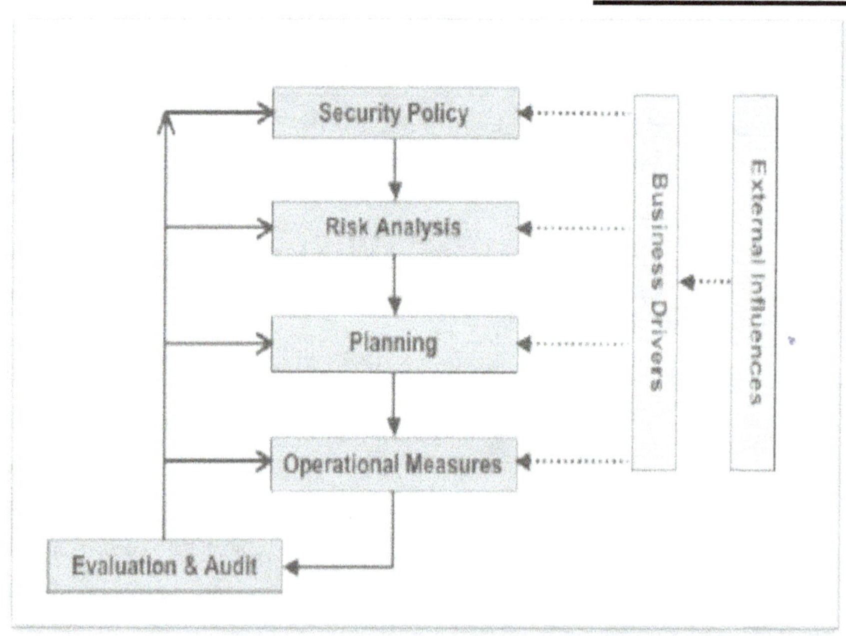

الشكل رقم (41) يبين العوامل المؤثرة فى أمن المعلومات
ITIL V3 Foundation-The Art of Service Pty Ltd

<u>**الأهداف**</u>

- مواءمة أمن تكنولوجيا المعلومات مع أمن الأعمال وضمان إدارة أمن المعلومات بشكل فعال في جميع أنشطة الخدمات وإدارة خدمات تكنولوجيا المعلومات.
- حماية مصالح الذين يعتمدون على المعلومات والأنظمة والاتصالات التي توفر المعلومات من الضرر الناتج عن فشل التوافر والسرية والنزاهة.

المصطلحات الأساسية لإدارة أمن المعلومات

<u>**السرية**</u>

حماية المعلومات من الوصول والاستخدام غير المصرح به.

<u>**النزاهة**</u>

دقة واكتمال وتوقيت الخدمات ومعلومات البيانات والأنظمة والمواقع المادية.

<u>**التوفر**</u>

يجب أن تكون المعلومات متاحة في أي وقت متفق عليه ويعتمد هذا على الاستمرارية التي توفرها أنظمة معالجة المعلومات.

<u>**خط الأساس الأمني:**</u>

مستوى الأمان الذي تتبناه منظمة تكنولوجيا المعلومات من أجل أمنها الخاص ومن وجهة نظر "العناية الواجبة" الجيدة.

<u>**حادث أمني:**</u>

أي حادث قد يتعارض مع تحقيق متطلبات أمان اتفاقية مستوى الخدمة و يمثل نوعا من التهديد للأفراد و المؤسسة.

<u>**إدارة أمن المعلومات: الإطار الأمني**</u>

عناصر الإطار الأمني

- استراتيجية أمن المعلومات
- منظومة\إدارة أمن المعلومات
- سياسات أمن المعلومات
- السيطرة و التحدم فى أمن المعلومات.

<u>**عمليات أمن المعلومات.**</u>

- إدارة مخاطر أمن المعلومات
- إستراتيجية الإتصالات.
- إستراتيجية التدريب و التوعية.

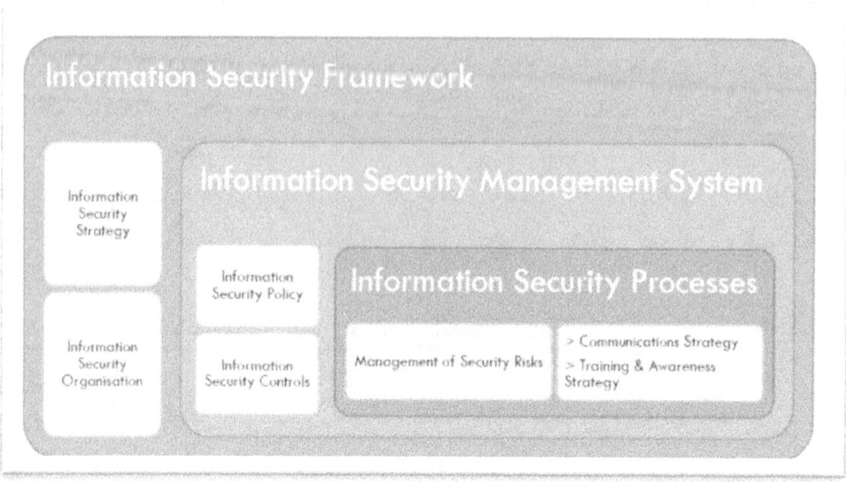

الشكل رقم (42) يبين الإطار الأمني لإدارة أمن المعلومات
ITIL® V3 FOUNDATION CERTIFICATION E-LEARNING COURSE.

أنشطة إدارة أمن المعلومات

- ➤ تتم هذه الإجراءات على المستويات التالية:-
  التنظيمية ـ الإجرائية ـ الفنية – المادية.
- ➤ قائمة الإجراءات تشمل:-
  التقييم ـالتصحيح ـالقمع – الكشف ـ التخفيض ـالوقاية.

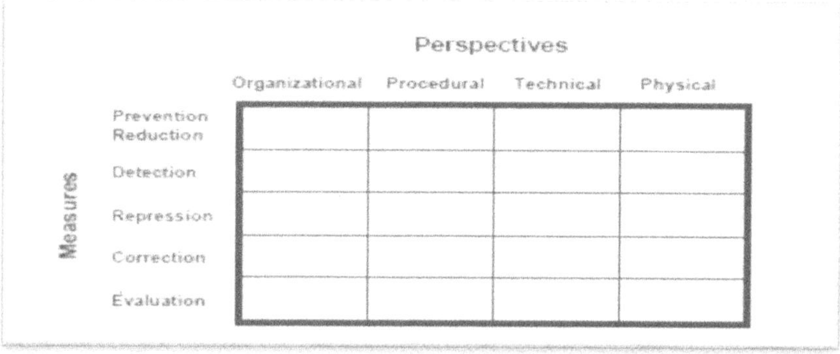

الشكل رقم (43) يوضح أنشطة إدارة أمن المعلومات
ITIL V3 Foundation-The Art of Service Pty Ltd

أهداف سياسة أمن المعلومات

- ➤ يجب أن تحظى السياسة بالدعم الكامل من الإدارة التنفيذية العليا.
- ➤ يجب أن تعتمد السياسات من قبل إدارة وتكنولوجيا المعلومات و الإدارة التنفيذية العليا داخل العمل.

- ⮞ يجب التصديق على الامتثال لها بشكل منتظم ويجب مراجعة جميع سياسات الأمن وتعديلها عند الضرورة على أساس سنوي على الأقل.
- ⮞ يجب أن تشمل سياسة أمن المعلومات مجموعة من سياسات الأمن المحددة الداعمة.
- ⮞ يجب أن تغطي السياسة جميع مجالات الأمن وأن تكون مناسبة وتلبي احتياجات العمل.
- ⮞ يجب أن تكون متاحة على نطاق واسع لجميع العملاء والمستخدمين.
- ⮞ يجب الإشارة إلى امتثالها في جميع تقارير مستوى الخدمة واتفاقيات مستوى الخدمة والعقود والاتفاقيات.

نظام إدارة أمن المعلومات(ISMS)

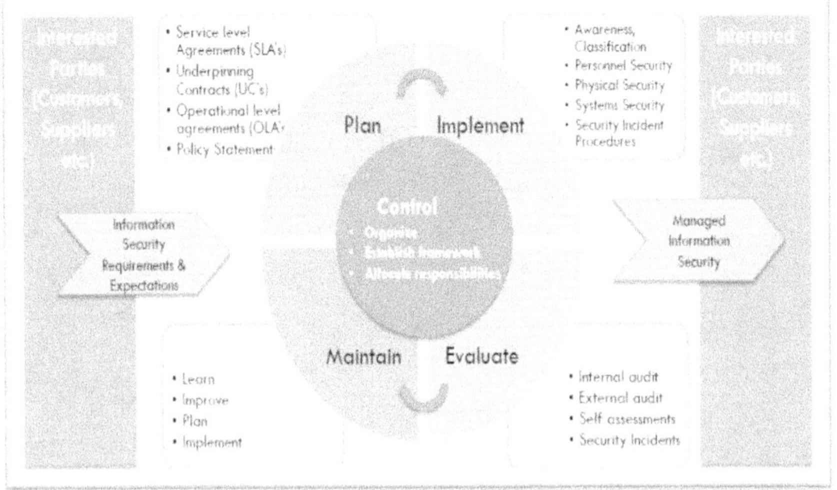

الشكل رقم (44) يبين عناصر نظام إدارة أمن المعلومات
ITIL® V3 FOUNDATION CERTIFICATION E-LEARNING COURSE.

قائمة سياسات أمن المعلومات

- ⮞ سياسة أمن المعلومات الشاملة.
- ⮞ سياسة استخدام وإساءة استخدام أصول تكنولوجيا المعلومات.
- ⮞ سياسة التحكم في الوصول.
- ⮞ سياسة التحكم في كلمة المرور.
- ⮞ سياسة البريد الإلكتروني.
- ⮞ سياسة الإنترنت.
- ⮞ سياسة مكافحة الفيروسات.
- ⮞ سياسة تصنيف المعلومات.

- ➤ سياسة تصنيف المستندات.
- ➤ سياسة الوصول عن بعد.
- ➤ سياسة تتعلق بوصول الموردين إلى الخدمات و المكونات.
- ➤ سياسة التخلص من الأصول.

التحكم في إدارة أمن المعلومات

- التنظيم و التخطيط.
- إنشاء إطار عمل أمن المعلومات.
- تخصيص المسؤوليات.

عناصر تنفيذ إجراءات أمن المعلومات

الشكل رقم(37) يبين عناصر تنفيذ إجراءات نظام إدارة أمن المعلومات.

التخطيط

- ➤ اتفاقيات مستوى الخدمة (SLA)
- ➤ العقود الأساسية (UC)
- ➤ اتفاقيات المستوى التشغيلي (OLA)
- ➤ بيانات السياسة

التنفيذ

- ➤ التوعية والتصنيف
- ➤ أمن الموظفين
- ➤ الأمن المادي
- ➤ أمن الأنظمة
- ➤ إجراءات الحوادث الأمنية

التقييم

- ➤ التدقيق الداخلي
- ➤ التدقيق الخارجي
- ➤ التقييم الذاتي
- ➤ الحوادث الأمنية

الصيانة

- ➤ التعلم
- ➤ التحسين
- ➤ التخطيط
- ➤ التنفيذ

الفصل الرابع: إنتقال الخدمة

أهداف

- تخطيط وإدارة القدرة والموارد المطلوبة للوحدة الجديدة أو المتغيرة.
- بناء واختبار ونشر وإصدار الخدمات المحددة وفقا لمتطلبات العملاء وأصحاب المصلحة.
- توفير إطار متسق ودقيق لتقييم قدرة الخدمة و المخاطر قبل إصدار أو نشر خدمة جديدة أو متغيرة.
- إنشاء والحفاظ على سلامة جميع أصول الخدمة والتكوينات المحددة أثناء تطورها خلال مرحلة انتقال الخدمة.
- توفير المعرفة والمعلومات ذات الجودة الجيدة حتى تتمكن إدارة التغيير والإصدار والنشر من تسريع اتخاذ القرارات الفعالة حول الترويج للإصدار من خلال بيئات الاختباروالإنتاج.
- توفير آليات بناء وتثبيت فعالة وقابلة للتكرار يمكن استخدامها لنشر الإصدارات في بيئات الاختبار والإنتاج وإعادة بنائها إذا لزم الأمر لاستعادة الخدمة.
- التأكد من إمكانية إدارة الخدمة وتشغيلها ودعمها وفقًا للمتطلبات والقيود المحددة في تصميم الخدمة.

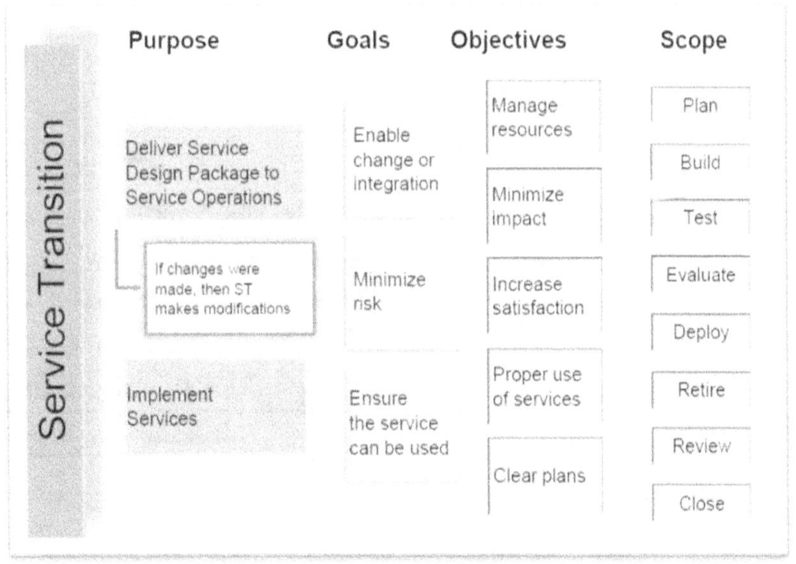

الشكل رقم (45) يبين لقطة من عملية إنتقال خدمة.
EMC Professional Services-Mary Lou.

<u>**القيمة المضافة في مرحلة إنتقال الخدمة**</u>

- القدرة على التكيف بسرعة مع المتطلبات الجديدة وتطورات السوق وفقا لدراسة تحقيق (الميزة التنافسية).
- معدل نجاح التغييرات والإصدارات الخاصة بالعمل.
- التنبؤ بمستويات الخدمة والضمانات للخدمات الجديدة والمتغيرة.
- الثقة في درجة الامتثال لمتطلبات العمل والحوكمة أثناء التغيير.
- منع التباين بين الخطط الفعلية وميزانيات الموارد المقدرة المتفق عليها.
- تحسين إنتاجية موظفي العمل و رضا العملاء بسبب التخطيط الأفضل واستخدام الخدمات الجديدة والمتغيرة.
- الإلغاء أو التغييرات في الوقت المناسب لعقود الصيانة للأجهزة والبرامج عند التخلص من المكونات أو إيقاف تشغيلها.
- فهم مستوى المخاطر أثناء التغيير وبعده على سبيل المثال انقطاع الخدمة أو خلل الأداء وإعادة العمل.

<u>**عمليات مرحلة إنتقال الخدمة**</u>

- تخطيط ودعم الانتقال.
- إدارة التغيير.
- إدارة أصول الخدمة والتكوين.
- إدارة الإصدار والنشر.
- التحقق من الخدمة واختبارها.
- التقييم.
- إدارة المعرفة.

<u>**مزايا الإنتقال الفعال**</u>

- تحسين القدرة على التعامل مع التغييرات والإصدارات عبر قاعدة العملاء.
- مواءمة الخدمة الجديدة أوالمتغيرة مع متطلبات العملاء.
- ضمان قدرة العملاء والمستخدمين على استخدام الخدمة الجديدة أو المتغيرة بطريقة تعظم من قيمة العمليات التجارية.

<u>**التخطيط للمرحلة الانتقالية والدعم**</u>
<u>**أهداف وأغراض التخطيط**</u>

- تخطيط وتنسيق الموارد للتأكد من أن متطلبات استراتيجية الخدمة متحققة و أنه يتم تحقيق التصميم بشكل فعال في عمليات الخدمة.
- تحديد وإدارة ومراقبة مخاطر الفشل والاضطراب عبر الأنشطة الانتقالية.

56

- التأكد من أن أى خدمة جديدة أو خدمة تم تغييرها تم دخولها بنجاح في الإنتاج ضمن تقديرات التكلفة والجودة والوقت المتوقعة.
- التأكد من أن جميع الأطراف تعتمد الإطار المشترك للعمليات القياسية القابلة لإعادة الاستخدام والأنظمة الداعمة من أجل تحسين فعالية وكفاءة أنشطة التخطيط والتنسيق المتكاملة.
- تقديم خطط واضحة وشاملة تمكن العملاء من مواءمة أنشطتهم مع خطط نقل الخدمة.
- تقليل الحاجة إلى التدابير التصحيحية أثناء وبعد إصدار العملية الجديدة.

<u>جوانب يجب مراعاتها</u>

- غرض وأهداف وغايات نقل الخدمة.
- السياق المطلوب لخدمة العملاء و محافظ العقود.
- نطاق التنفيذ يجب أن يتضمن الادراج والاستثناءات.
- المتطلبات والمعايير القانونية والتنظيمية المطبقة والاتفاقيات التعاقدية.
- المنظمات وأصحاب المصلحة المشاركين في عملية التحول.
- إطار و معايير انتقال الخدمة.
- تحديد المتطلبات للخدمة الجديدة أو الخدمة المتغيرة.
- الأفراد والتوجه التنفيذى.
- التسليمات من الأنشطة الانتقالية تتضمن الوثائق الإلزامية والاختيارية لكل مرحلة.
- الجدول الزمني للمعالم الأساسية لسير العمل.
- المتطلبات المالية و الميزانيات والتمويل.

<u>أهداف دعم التخطيط</u>

- تخطيط القدرات والموارد المناسبة وبناء وإصدار واختبار ونشر وإنشاء حزم الإصدار والخدمات الجديدة أو المتغيرة في خدمة الإنتاج.
- تقديم الدعم لفرق انتقال الخدمة والأشخاص المعاونين.
- التخطيط للتغييرات المطلوبة بطريقة تضمن سلامة جميع أصول العملاء المحددة وأصول الخدمة والتكوينات و الحفاظ عليها أثناء تطورها خلال انتقال الخدمة.
- التأكد من أن إجراءات انتقال الخدمة والمخاطر والمخالفات مسجلة بتقارير مناسبة لإبلاغ أصحاب المصلحة وصناع القرار.
- تنسيق الأنشطة بين المشاريع والموردين وفرق الخدمة حيثما كان ذلك مطلوبا.

<u>**نطاق أعمال التخطيط و الدعم**</u>

- دمج متطلبات التصميم والتشغيل في الخطط الانتقالية.
- إدارة وتشغيل أنشطة التخطيط والدعم الانتقالي.
- الحفاظ على خطط نقل الخدمة ودمجها عبرمحافظ العملاء والخدمات والعقود.
- إدارة تقدم انتقال الخدمة والتغييرات والقضايا والمخاطروالانحرافات.
- مراجعة إجراءات الجودة لجميع خطط نقل الخدمة وإصدارها ونشرها.
- إدارة وتشغيل العمليات الانتقالية والأنظمة المساندة والأدوات.
- الاتصالات مع العملاء والمستخدمين وأصحاب المصلحة.
- مراقبة وتحسين أداء انتقال الخدمة.

<u>**مؤشرات أداء التخطيط و الدعم**</u>

- عدد الإصدارات المنفذة التي تتوافق مع متطلبات العملاء من حيث التكلفة والجودة والنطاق والجدول الزمني للإصدار(كنسبة مئوية من جميع الإصدارات).
- انخفاض التباين في النطاق الفعلي مقابل المتوقع والجودة والتكلفة والوقت.
- زيادة رضا العملاء والمستخدمين عن الخطط والاتصالات التي تمكن الأعمال من مواءمة أنشطتها مع خطط انتقال الخدمة.
- الحد من عدد المشكلات والمخاطر والتأخير الناجم عن عدم كفاية تخطيط.
- تحسين معدل نجاح نقل الخدمة من خلال تحسين نطاق وتكامل أنشطة التخطيط.
- معلومات إدارية أفضل عن الأداء المتوقع مقابل الأداء الفعلي وتكلفة نقل الخدمة.
- تحسين كفاءة وفعالية العمليات والأنظمة الداعمة والأدوات والمعرفة والمعلومات والبيانات لتمكين نقل الخدمات الجديدة والمتغيرة.
- تقليل الوقت والموارد اللازمة لتطوير وصيانة الخطط المتكاملة وأنشطة التنسيق.
- رضا فريق المشروع والخدمة عن ممارسات انتقال الخدمة.

<u>**إدارة التغيير**</u>
<u>**أهداف**</u>

- استجابة لطلبات مواءمة الخدمات مع احتياجات العمل.
- ضمان إدخال التغييرات بطريقة خاضعة للرقابة.
- تحسين إدارة مخاطر الأعمال التجارية الشاملة.

➢ تنفيذ التغييرات بأساليب وإجراءات موحدة للتعامل الفعال و السريع مع جميع التغييرات.

➢ تنفيذ التغييرات في الأوقات التي تلبي احتياجات العمل.

➢ يتم تسجيل جميع تغييرات التى تطرأ على أصول الخدمة وعناصرنظام إدارة التكوين.

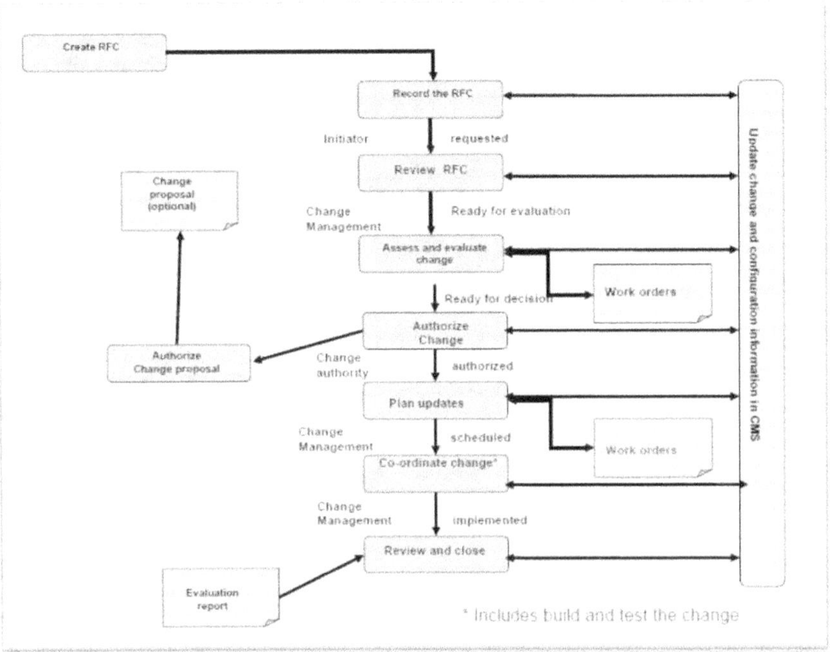

الشكل رقم (46) يبين أنشطة عملية التغيير.
ITIL V3 Foundation-The Art of Service Pty Ltd

أنشطة إدارة التغيير

الشكل رقم (41)

➢ يتم تسجيل RFC (طلب تغيير).

➢ يتم إجراء مراجعة أولية (لتصفية طلبات RFC).

➢ يتم تقييم طلبات التغيير قد تتطلب مشاركة المجلس الاستشاري للتغيير (CAB) أو لجنة الطوارئ (ECAB) CAB التابعة للمجلس.

➢ يتم التصريح بالتغيير من قبل مدير التغيير.

➢ يتم إصدار أوامر العمل لبناء التغيير (التي تنفذها مجموعات أخرى)

➢ تقوم إدارة التغيير بتنسيق العمل المنجز (مع نقاط تفتيش متعددة)

➢ تتم مراجعة التغيير.

➢ التغيير تم تنفيذه وتم إغلاق الملف.

<u>تصنيف طلبات التغيير</u>
<u>تغييرات عادية</u>

- أنواع خاصة بالمؤسسة.
- انواع تحدد التقييم المطلوب.

<u>التغييرات القياسية</u>

- مرخص مسبقًا بإجراء محدد.
- المهام معروفة وموثقة ومنخفضة المخاطر على سبيل المثال استبدال الطابعة المعيبة أو ترقية جهاز كمبيوتر.

<u>تغييرات طارئة</u>

- تعني أهمية الأعمال الحرجة عدم وجود وقت كافٍ للتعامل العادي.
- يجب استخدام العملية العادية ولكن مع تسريعها.
- يمكن أن يكون التأثير مرتفعًا وأكثر عرضة للفشل ويجب الحفاظ على الحد الأدنى من أنواع التغيير و خطة العلاج السريع أو خطط التراجع لآخر حالة مستقرة قبل الإجراءات.

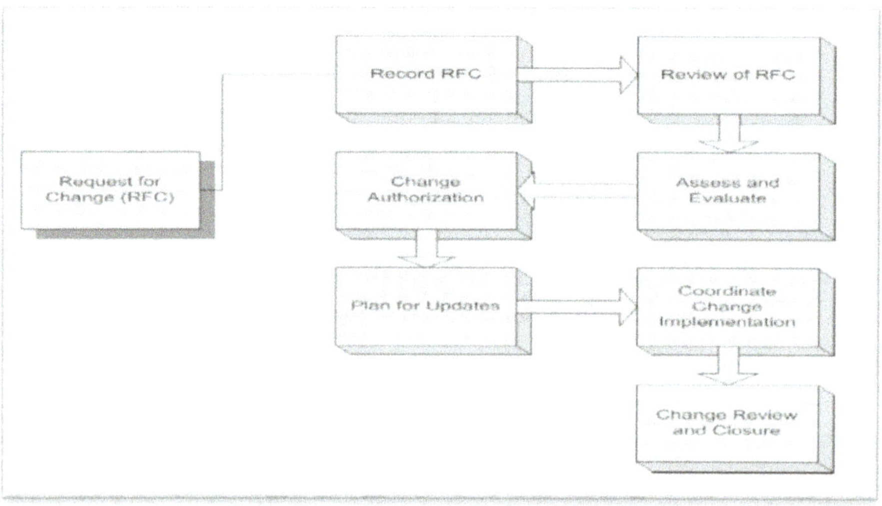

الشكل رقم (47) يبين مخطط مسار عملية التغيير.
ITIL® V3 FOUNDATION CERTIFICATION E-LEARNING COURSE.

<u>الإذن أو التصريح بالتغييرات</u>

مسؤولية الترخيص بالتغييرات تقع على عاتق مدير التغيير وعليه التأكد من الحصول على الموافقة من ثلاثة مجالات رئيسية:-

<u>**الموافقة المالية**</u>

ما هي التكلفة؟ وما هي تكلفة عدم القيام بذلك؟

<u>**الموافقة على الأعمال**</u>

ما هي العواقب المترتبة على الموافقة و عدم الموافقة.

<u>**الموافقة على التكنولوجيا**</u>

ما هي العواقب على البنية التحتية وعواقب عدم الموافقة على التغيير.

أسئلة و مبررات التغيير السبع

- من الذي أثار التغيير؟
- ما هو سبب التغيير؟
- ما هو العائد المطلوب من التغيير؟
- ما هي المخاطر المرتبطة بالتغيير؟
- ما هي الموارد المطلوبة لتحقيق التغيير؟
- من المسؤول عن بناء التغيير واختباره وتنفيذه؟
- ما هي العلاقة بين هذا التغيير والتغييرات الأخرى؟

مجلس استشاري للتغيير (CAB)

- مجلس يشكل ليدعم مدير التغيير.
- يتم استشارته بشأن التغييرات المهمة.
- يتكون من الأشخاص الذين لديهم فهم واضح لاحتياجات العمل.
- يضم المتخصصين والمستشارين الفنيين.

مجلس استشاري للتغيير في حالات الطوارئ (ECAB)

- مجموعة فرعية من مجلس استشاري للتغيير القياسي.
- تعتمد العضوية على درجة أهمية التغيير.
- عدد الحوادث المنسوبة إلى التغييرات.
- الكفاءة و الفوائد (القيمة مقارنة بالتكلفة).
- متوسط الوقت المستغرق للتنفيذ (حسب الإلحاح/الأولوية/النوع).

مقاييس التغيير

- الامتثال للمعايير.
- الحد من التغييرات غير المصرح بها.
- الحد من التغييرات الطارئة.
- الفعالية و نسبة الدقة في تقديرات التغيير.

- نسبة التغييرات التي استوفت المتطلبات.
- الحد من الانقطاعات والعيوب وإعادة العمل.
- الحد من التغييرات الفاشلة أو المتراجعة.

إدارة الأصول و التكوين

الهدف:

- دعم توفير خدمات تكنولوجيا المعلومات المتفق عليها من خلال إدارة وتخزين وتوفير المعلومات حول عناصر التكوين (CI's) وأصول الخدمة طوال دورة حياتها وهذا يساعد في توفير نموذج منطقي للبنية التحتية بما في ذلك العلاقات والتبعيات ذات الصلة الموجودة.
- تدير هذه العملية تفاصيل أصول الخدمة وعناصر التكوين من أجل دعم فعالية وكفاءة عمليات إدارة الخدمة الأخرى.

أهداف إدارة الأصول والتكوين

- دعم الأعمال و أهداف و متطلبات مراقبة العملاء.
- دعم عمليات إدارة الخدمة تتسم بالكفاءة والفعالية بتوفير معلومات تكوين دقيقة لتمكين الأشخاص من اتخاذ القرارات في الوقت المناسب.
- السماح بالتغيير والإصدارات وحل الحوادث والمشكلات بشكل أسرع.
- تقليل عدد مشاكل الجودة والامتثال بمعايرها الناجمة عن التكوين غير السليم للخدمات والأصول.
- تحسين أصول وتكوينات وقدرات وموارد الخدمة.

الغرض

- تحديد ومراقبة وتسجيل و رصد ومراجعة والتحقق من أصول الخدمة وعناصر التكوين بما في ذلك الإصدارات وخطوط الأساس والمكونات الجزئية وخصائصها وعلاقاتها.
- حساب وإدارة وحماية سلامة أصول الخدمة وعناصر التكوين وما يخص عملائها خلال دورة حياة الخدمة من خلال ضمان استخدام المكونات المعتمدة فقط وإجراء التغييرات المعتمدة فقط.
- حماية سلامة أصول الخدمة وعناصر التكوين و ما يخص عملائها خلال دورة حياة الخدمة.
- ضمان سلامة الأصول والتكوينات المطلوبة للتحكم في الخدمات والبنية التحتية لتكنولوجيا المعلومات من خلال إنشاء وصيانة نظام إدارة تكوين دقيق وكامل.

<u>قاعدة بيانات إدارة التكوين(CDMB)</u>

- ➢ قاعدة بيانات إدارة التكوين CMDB عبارة عن مجموعة من قواعد البيانات ومصادر المعلومات المتصلة بالخدمات.
- ➢ توفر نموذجًا منطقيًا للبنية التحتية لتكنولوجيا المعلومات و تسجل عناصر التكوين (CIs) والعلاقات الموجودة بينها
- ➢ يوضح الشكل(41) عناصر نظام قاعدة البيانات.

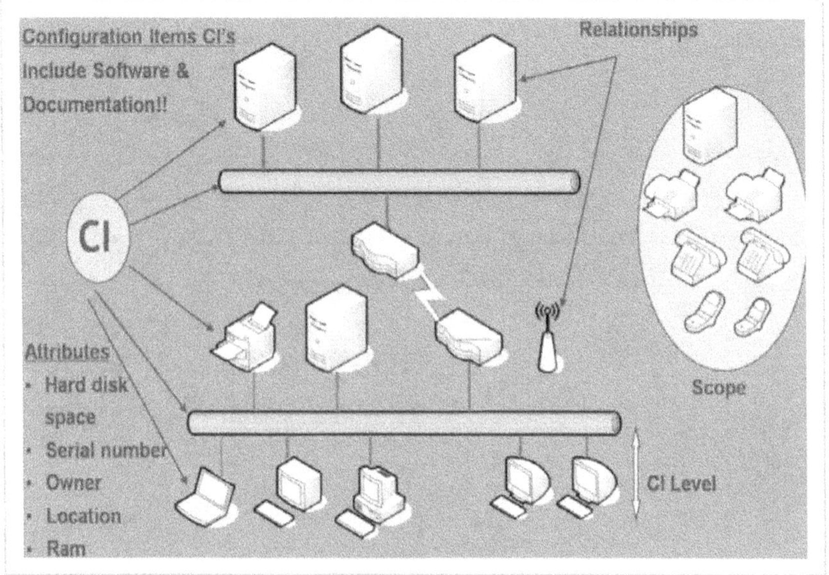

الشكل رقم (48) يبين نظام قاعدة بيانات إدارة التكوين.

ITIL V3 Foundation-The Art of Service Pty Ltd

<u>مصطلحات إدارة التكوين</u>

<u>عنصر التكوين(CI):</u>

الإشارة إلى أي مكون يدعم الخدمة مثل مكونات تكنولوجيا المعلومات أو العناصر المرتبطة بها مثل طلب التغييرات وسجلات الحوادث واتفاقيات مستوى الخدمة.

<u>السمة:</u>

معلومات محددة حول CI التي يجب الحفاظ عليها مثال: حجم ذاكرة الوصول العشوائي القرص الصلب عرض النطاق الترددي.

<u>مستوى CI:</u>

تسجيل وإعداد التقارير عن CI على المستوى الذي يتطلبه العمل.

63

<u>**وصف الحالة:**</u>
الإبلاغ عن جميع البيانات الحالية والتاريخية حول كل CI طوال دورة حياتها
مثال: الحالة = قيد التطوير، قيد الاختبار، فى الخدمة، خارج الخدمة.
<u>**التكوين الأساسي خط الأساس:Baseline**</u>
بيان تفاصيل التكوين التي تم التقاطها في وقت محدد تلتقط من هيكل التكوين
وتفاصيله وتستخدم كنقطة مرجعية للمقارنة اللاحقة (على سبيل المثال، بعد
التغييرات الرئيسية، والتعافي من الكوارث، وما إلى ذلك).
<u>**أنشطة نظام إدارة التكوين**</u>
<u>**تخطيط:**</u>

- ➢ تحديد الاستراتيجية والسياسة والنطاق والأهداف والعمليات
  والإجراءات الخاصة بإدارة أصول الخدمة و التكوين.
- ➢ تحديد أدوار ومسؤوليات الموظفين المعنيين وأصحاب المصلحة.
- ➢ تخصيص مناطق التخزين والمكتبات المستخدمة للاحتفاظ بالأجهزة
  والبرامج والوثائق.
- ➢ تصميم قواعد بيانات التكوين CMDB
- ➢ منح عناصر التكوين تمييز و تسمية CI

الشكل رقم (49) يبين أنشطة نظام إدارة التكوين.
ITIL V3 Foundation-The Art of Service Pty Ltd

<u>**تحديد الهوية:**</u>

- اختيار وتحديد ووضع العلامات وتسجيل CIs وهو النشاط الذي يحدد CIs التي سيتم تسجيلها وما هي سماتها وما هي العلاقات الموجودة مع العناصر الأخرى.
- يتم تحديد الهوية لكل من الأجهزة والبرامج و نظام التشغيل أنظمة الأعمال.
- تحديد قواعد البيانات المادية والتغذية بين قواعد البيانات والروابط و خطوط أساس التكوين و إصدارات البرامج.

<u>**عمليات التوثيق.**</u>

<u>**التحكم:**</u>

يتم استخدام CMDB لتخزين أو تعديل بيانات التكوين وتضمن المراقبة الفعالة تسجيل الـ CIs المصرح بها والتي يمكن تحديدها فقط منذ الاستلام وحتى التخلص منها من أجل حماية و سلامة قاعدة البيانات CMDB.

<u>**طرق التحكم**</u>

- تسجيل كافة CIs والإصدارات الجديدة.
- تحديث سجلات CI ومراقبة الترخيص.
- التحديثات المتعلقة بطلبات التغيير (RFC) وإدارة التغيير.
- تحديث CMDB بعد الفحص الدوري للعناصر المادية.

<u>**وصف الحالة**</u>

إصدار تقارير الحالة عن جميع البيانات الحالية والتاريخية المتعلقة بكل CI طوال دورة الحياة ويقدم معلومات عن:

- خطوط أساس التكوين.
- أحدث إصدارات عناصر البرنامج.
- الشخص المسؤول عن تغيير الحالة.
- سجلات حالات كل عنصر تكوين CI تغيير / الحادث / تاريخ المشكلة.

<u>**التحقق والتدقيق**</u>

يتم التحقق والمراجعات وعمليات التدقيق من وجود Cis والتحقق من تسجيلها بشكل صحيح في CMDB ومن وجود توافق بين وجود خطوط الأساس الموثقة والبيئة الفعلية التي تشير إليها.

<u>**توقيت التدقيق**</u>

- قبل وبعد التغييرات الرئيسية في البنية التحتية لتكنولوجيا المعلومات.
- بعد التعافي من كارثة أو اكتشاف CI غير مصرح به.
- على فترات منتظمة وفقا للمخططات.

65

<u>**مزايا قاعدة بيانات التكوين CMDB**</u>

- أداة واحدة وفريق واحد وليس عدة أدوات تقلل التكاليف وتحسن الأنساق.
- معلومات متّسقة وواضحة حول البنية التحتية لتكنولوجيا المعلومات المتاحة لجميع الموظفين.
- يتم توحيد البيانات حول CIs وطرق التحكم في CIs مما يقلل من جهد المراجعة.
- فرص و مزايا الإستفسارات و التقارير عن عناصر CIs لدعم الخدمات.

إدارة الإصدار والنشر
<u>الغرض</u>

- نشر الإصدارات الجديدة ودعم الانتقال إلى تشغيل الخدمة وتمكينها من الاستخدام الفعال من أجل تقديم القيمة للعملاء.
- التأكد من وجود خطط إصدار ونشر واضحة وشاملة تمكن مشاريع التغيير من مواءمة الأنشطة مع هذه الخطط.
- بناء حزمة الإصدار وتثبيتها واختبارها.
- يتم النشر بكفاءة إلى مجموعة نشر أو بيئة مستهدفة لذلك بنجاح وفي الموعد المحدد.
- التاكد أن الخدمة الجديدة أو المتغيرة وأنظمتها التمكينية والتكنولوجيا والتنظيم قادرة على تقديم متطلبات الخدمة المتفق عليها بمواصفات المكونات والضمانات ومستويات الخدمة.

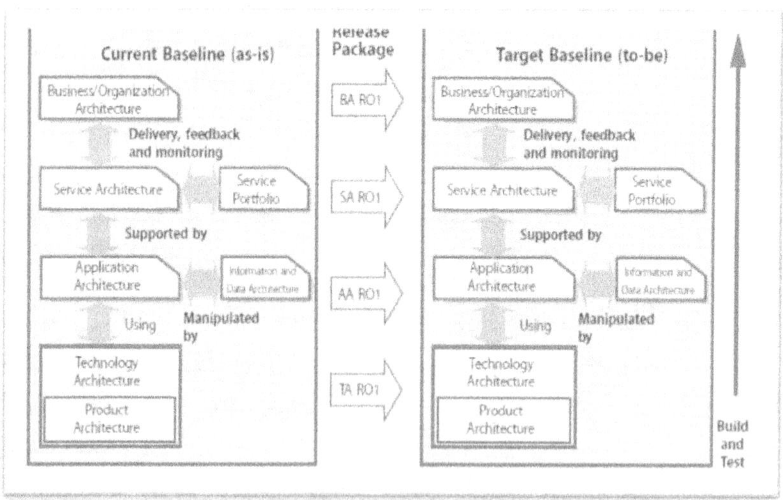

الشكل رقم (50) يبين مثال لإصدار حزمة جديدة.
TSO@Blackwell and other Accredited Agents

اعتبارات تحديد مستوى وحدات الإصدار

- سهولة ومقدار التغيير اللازم لإصدار وحدة الإصدار ونشرها.
- مقدار الموارد والوقت اللازم لبناء واختبار وتوزيع وتنفيذ وحدة الإصدار.
- مستوى تعقيد واجهات الربط بين الوحدة المقترحة وبقية الخدمات والبنية التحتية للنظام.
- التخزين المتاح في البناء والاختبار والتوزيع وبيئات الخدمة الحية.

سياسة الإصدار

سياسة الإصدارو الإستراتيجية الشاملة للإصدارات مستمدة من مرحلة تصميم الخدمة في دورة حياة الخدمة وتتضمن عادةً ما يلي:

- وصف الإصدار مع اصطلاحات التعريف والترقيم والتسمية الفريدة.
- الأدوار والمسؤوليات في كل مرحلة من العملية.
- التكرار المتوقع لكل نوع من الإصدارات.
- أسلوب قبول التغييرات وتجميعها في الإصدار.
- آلية أتمتة عمليات البناء والتركيب والإصدار و التوزيع لتحسين إعادة الاستخدام والتكرار والكفاءة.
- كيف يتم تسجيل خط أساس تكوين الإصدار والتحقق منه مقارنة بمحتويات الإصدار الفعلية.
- معايير الخروج والدخول وسلطة قبول الإصدار في كل مرحلة من مراحل انتقال الخدمة وفي بيئات الاختبار والتدريب والتعافي من الكوارث وعمليات الإنتاج الخاضعة للرقابة.
- معايير الخروج من الدعم مبكرا والنقل إلى عمليات الخدمة.

مصطلحات إدارة الإصدار

وحدة إصدار

عناصر التكوين Cls التي يتم إصدارها معًا عادةً.
يتضمن عادةً مكونات كافية لأداء وظيفة مفيدة على سبيل المثال أجهزة كمبيوتر سطح المكتب المهيأة بالكامل و تطبيقات الخدمات الخاصة.

حزمة إصدار

إصدار واحد أو العديد من الإصدارات ذات الصلة.
يمكن أن تشمل الأجهزة والبرامج والتسهيلات والضمان والوثائق والتدريب.

<u>أنواع الإصدار</u>
<u>الإصدار الرئيسي:</u>
يحتوي على نسب كبيرة من الوظائف الجديدة و يُعرف أيضًا باسم الترقية الرئيسية ويحل عمومًا محل جميع الترقيات الثانوية السابقة.

<u>إصدار طفيف:</u>
يحتوي على تحسينات وإصلاحات صغيرة أو ترقية أو إصدار بسيط يحل بشكل عام محل إصلاحات الطوارئ السابقة.

<u>إصدار الطوارئ:</u>
ترتبط عادةً بتغيير طارئ.

خيارات نشر الإصدارات

<u>أسلوب الانفجار العظيم:</u>

- ➢ يتم نشر الخدمة الجديدة أو المتغيرة لكافة مناطق المستخدمين دفعة واحدة.
- ➢ يتم استخدام هذا غالبًا عندما يكون إدخال تغيير التطبيق وضرورة اتساق الخدمة على مستوى المؤسسة كلها أمر مهم.
- ➢ الجانب السلبي لنهج الانفجار الكبير هو أنه يزيد من مخاطر وتأثير الإصدار الفاشل.

<u>الأسلوب التدريجي:</u>

- ➢ يتم نشر الخدمة في جزء من قاعدة المستخدمين في البداية ثم يتم تكرار هذه العملية على الأجزاء اللاحقة من قاعدة المستخدمين من خلال خطة طرح مجدولة.
- ➢ يستخدم في العديد من السيناريوهات مثل مؤسسات البيع بالتجزئة وللخدمات الجديدة التي يتم تقديمها في بيئة المتاجر في مراحل يمكن التحكم فيها.

<u>أسلوب الدفعات:</u>

- ➢ يتم نشر مكون الخدمة من المركز ودفعه إلى المواقع المستهدفة.
- ➢ يستخدم أسلوب الدفع فى تقديم مكونات الخدمة المحدثة لجميع المستخدمين سواء في شكل انفجار كبير أو على مراحل حيث يتم تسليم الخدمة الجديدة أو المتغيرة إلى بيئة المستخدمين في وقت لا يختارونه.

<u>أسلوب السحب:</u>

يُستخدم لإصدارات البرامج حيث يتم توفير البرنامج في موقع مركزي و يكون للمستخدمين الحرية في سحب البرنامج إلى موقعهم الخاص في الوقت الذي يختارونه أو عند إعادة تشغيل محطة العمل.

68

<u>**الإصدار الآلي:**</u>

- استخدام التكنولوجيا لأتمتة الإصدارات وهذا يساعد على ضمان التكرار والاتساق و الوقت اللازم لتوفير آلية جيدة التصميم وفعالة.
- قد لا يكون هذا الأسلوب متاحًا أو قابلاً للتطبيق دائمًا.

<u>**الإصدار اليدوي:**</u>

استخدام الأنشطة اليدوية لتوزيع الإصدار و مراقبة وقياس تأثير العديد من الأنشطة اليدوية المتكررة لأنها من المحتمل غير فعالة وعرضة للخطأ.

أنشطة عملية الإصدار

- سياسة الإصدار هي الإستراتيجية الشاملة للإصدارات وهي مستمدة من مرحلة تصميم الخدمة في دورة حياة الخدمة
- خطة الإصدار هي التنفيذ التشغيلي لكل إصدارو خطة الطرح هي النهج الموثق لتوزيع حزمة إصدار واحدة.

<u>**تخطيط الإصدار**</u>

- تحديد محتويات الإصدار.
- تحديد الجدول الزمني للإصدار.
- تحديد الموارد والأدوار والمسؤوليات المطلوبة للإصدار.

<u>**التصميم والاختبار (الربط مع عمليات تصميم الخدمة ونقل الخدمة الأخرى)**</u>

- إنتاج تجميع الإصدار وتعليمات البناء.
- إنشاء البرامج النصية للتثبيت.
- تشغيل خطط الاختبار.
- تطوير إجراءات التراجع و التعديل و التنقيح.
- إنتاج إجراءات التثبيت المختبرة.

<u>**التخطيط للطرح:**</u>

- تحديد الجدول الزمني للتوزيع.
- تحديد CIs عناصر التكوين المتأثرة أو المتضررة.
- تحديد خطط الاتصال.
- تحديد الخطط التدريبية.
- التواصل والتدريب للمستخدمين وموظفو الدعم و مكتب الخدمة.

69

<u>عملية إنتقال خدمة جديدة أو متغيرة</u>

نلاحظ فى الشكل (44) كيف تعمل إدارة التغيير وإدارة الإصدار والنشر والتحقق من صحة الخدمة واختبارها وإدارة أصول الخدمة والتكوين معًا من أجل نقل الخدمات الجديدة أو المعدلة.

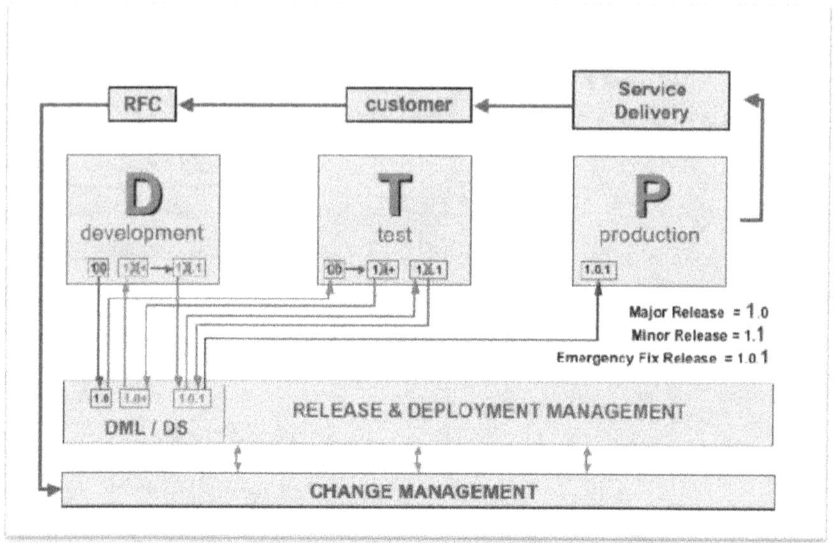

الشكل رقم (51) يوضح عملية انتقال خدمة إلى الإنتاج
ITIL V3 Foundation-The Art of Service Pty Ltd

دور <u>إدارة الإصدار والنشر:</u>

- ➢ التحقق من قيادة و فعالية وكفاءة العملية.
- ➢ كفاءة إدارة فريق الإصدار.
- ➢ الاتصال بإدارة التغيير والتكوين ومديري منصات تكنولوجيا المعلومات ومطوري التطبيقات للتنسيق.
- ➢ دقة إختيار المهارات التقنية والتنسيقية
- ➢ كفاءة إدارة المشروع.
- ➢ حسن تصميم وبناء واختبار ونشر الإصدارات.
- ➢ كفاءة إدارة البرامج و أدوات توزيع المتطلبات.

<u>إدارة المعرفة</u>

<u>الغرض</u>

الغرض من إدارة المعرفة هو ضمان تسليم المعلومات الصحيحة إلى المكان المناسب و الشخص المناسب في الوقت المناسب لتمكين اتخاذ قرار مستنير.

<u>الأهداف</u>

- تمكين مقدم الخدمة من أن يكون أكثر كفاءة ويحسن جودة الخدمة وزيادة الرضا بين العملاء وخفض تكلفة الخدمة.
- التأكد من أن الموظفين لديهم فهم واضح مشترك للقيمة التي توفرها خدماتهم للعملاء والطرق التي يتم من خلالها تحقيق الفوائد من استخدام تلك الخدمات.
- التأكد من أن موظفي تقديم الخدمة في أى وقت وأى مكان محددين لديهم معلومات كافية عن من يستخدم حاليا خدماتهم والوضع الحالي للاستهلاك.
- توفير معلومات قيود تقديم الخدمة و صعوبات يواجهها العميل في تحقيق الفوائد المتوقعة من الخدمة بشكل كامل.

عناصر إدارة معرفة الخدمة

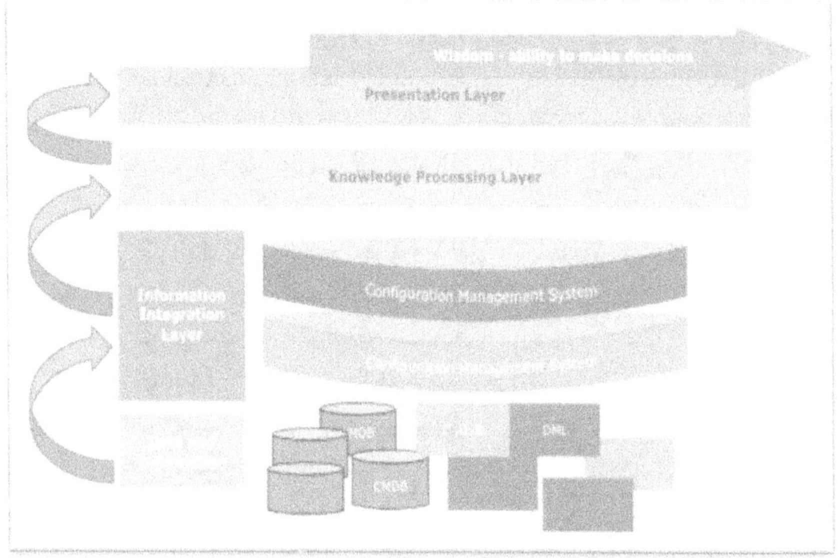

الشكل رقم (52) يبين عناصر إدارة المعرفة
ITIL® V3 FOUNDATION CERTIFICATION E-LEARNING COURSE.

مبادئ إدارة المعرفة

- البيانات هي مجموعة من الحقائق المحددة حول الأحداث.
- المعلومات تأتي من توفير السياق للبيانات.
- المعرفة تتكون من الخبرات والأفكار والرؤى و القيم والأحكام.
- الحكمة تعطي التمييز النهائي للمادة و وجود التطبيق والوعي السياقي لتوفير حكم منطقي قوي.

71

مؤشرات أداء إدارة المعرفة

- التنفيذ الناجح و المبكر مع وجود عدد قليل من الأخطاء المتعلقة بالمعرفة.
- زيادة الاستجابة لمتطلبات الأعمال المتغيرة على سبيل المثال نسبة أعلى من الاستعلامات والأسئلة يتم حلها عبر الوصول الفردي عبر الإنترنت.
- تحسين إمكانية الوصول إلى المعايير والسياسات وإدارتها.
- سرعة و جودة نشر المعرفة عن كل ما يخص المنتجات و الخدمات.
- تقليل الوقت والجهد اللازمين لدعم وصيانة الخدمات.
- تقليل وقت العثور على معلومات لتشخيص وإصلاح الحوادث والمشكلات.
- تقليل الاعتماد على الموظفين للحصول على المعرفة.

مكونات نظام إدارة المعرفة

- مكتبة الوسائط النهائية (DML) مكتبة منطقية الآمنة التي يتم فيها تخزين وحماية الإصدارات النهائية المعتمدة لجميع معرفات الوسائط.
- مكتبة البرامج النهائية (DSL) موقع واحد أو أكثر يتم فيه تخزين الإصدارات النهائية والمعتمدة لجميع عناصر تكوين البرامج بشكل آمن وتحتوي أيضًا على CIs عناصر تكوين مثل التراخيص والوثائق.
- ترتبط بنظام إدارة قواعد بيانات إدارة التكوين/CMDB.
- نظام إدارة التكوين (CMS) عبارة عن مجموعة من الأدوات والبيانات التي يتم استخدامها لجمع وتخزين وإدارة وتحديث وتحليل وعرض البيانات حول جميع عناصر التكوين وعلاقاتها.
- يحتوى على قواعد بيانات البنية التحتية.
- يحتوى على طبقة إدارة و معالجة المعرفة.
- يحتوى على طبقة العرض للمستخدمين.
- يحتوى على طبقة الحكمة لدعم نظام صنع القرار.

نظام إدارة معرفة الخدمة (SKMS)

يشتمل نظام إدارة معرفة الخدمة SKMS كما فى الشكل (48) على:

- نظام إدارة التكوين أدوات وقواعد بيانات أخرى.
- يقوم نظام SKMS بتخزين وإدارة وتحديث وتقديم جميع المعلومات التي يحتاجها مزود خدمة تكنولوجيا المعلومات لإدارة دورة الحياة الكاملة لخدماته.
- الغرض الرئيسي من SKMS هو توفير معلومات عالية الجودة حتى يتمكن مزود خدمة تكنولوجيا المعلومات من اتخاذ قرارات مستنيرة.

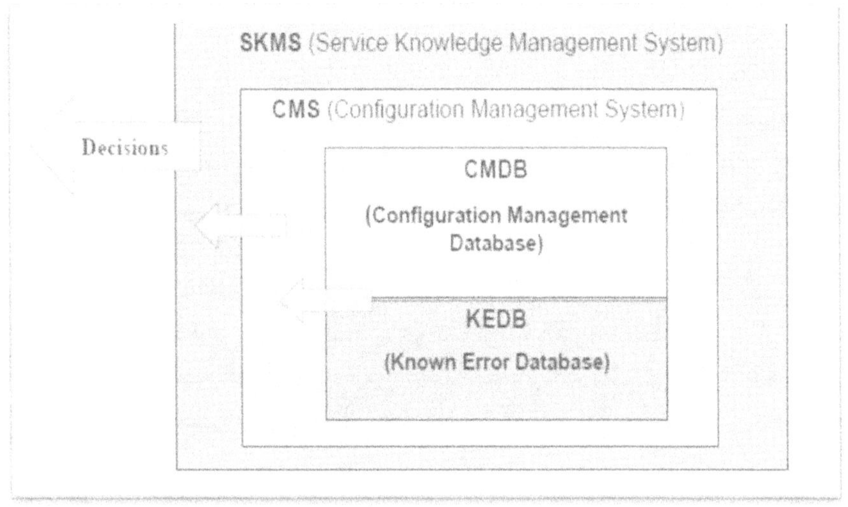

الشكل رقم (53) يبين مكونات نظام إدارة المعرفة.
ITIL V3 Foundation-The Art of Service Pty Ltd

نظام إدارة التكوين CMS:

- مجموعة من الأدوات وقواعد البيانات المستخدمة لإدارة بيانات التكوين الخاصة بموفر خدمة تكنولوجيا المعلومات.
- يتضمن نظام إدارة التكوين أيضًا معلومات حول الحوادث والمشكلات والأخطاء المعروفة والتغييرات والإصدارات
- يحتوي على بيانات حول الموظفين ومواقع الموردين ووحدات الأعمال والعملاء والمستخدمين.
- تتم صيانة نظام إدارة التكوين (CMS) من خلال إدارة أصول الخدمة والتكوين ويتم استخدامه من قبل جميع عمليات إدارة خدمات تكنولوجيا المعلومات.

مكونات نظام إدارة التكوين

- قاعدة بيانات إدارة التكوين **CMDB** يخزن تفاصيل تكوين البنية التحتية لتكنولوجيا المعلومات.
- قاعدة بيانات الأخطاء المعروفة **KEDB** و يتم إنشاءها بواسطة إدارة المشكلة واستخدامها من قبل إدارة الحوادث والمشكلات.

- الهدف من التقييم هو تحديد توقعات أصحاب المصلحة بشكل صحيح وتوفير معلومات فعالة ودقيقة لإدارة التغيير للتأكد من عدم نقل التغييرات التي تؤثر سلبًا على قدرة الخدمة وتسبب المخاطر دون رادع.
- تقييم التأثيرات المقصودة لتغيير الخدمة وأكبر قدر ممكن من التأثيرات غير المقصودة في ضوء القدرات والموارد والقيود التنظيمية.
- توفير مخرجات عالية الجودة من عملية التقييم حتى تتمكن إدارة التغيير من تسريع اتخاذ القرار الفعال حول ما إذا كان سيتم الموافقة على تغيير الخدمة أم لا.

سياسات إدارة التقييم

- يتم تقييم تصميمات الخدمة أو تغييرات الخدمة قبل تنفيذ الإنتقال.
- تتم إدارة أي إنحراف بين الأداء المتوقع والأداء الفعلي من قبل العميل.
- إذا تبين من التقييم أن الأداء الفعلي يختلف عما كان متوقعا فعلى العميل أن
- يقبل الأداء رغم الإنحراف أو يرفض تماما أو يقبل إجراء تغيير جديد ليتم تنفيذه مع المراجعة وفقا لملاحظات التقييم.
- الأداء متفق عليه مسبقا ولا يسمح بأي نتائج أخرى للتقييم خلاف المطلوب.
- لا يجوز إجراء التقييم بدون مشاركة العميل.

مبادئ التقييم

- بقدر ما هو عملي بشكل معقول، يجب تحديد التأثيرات المقصودة وكذلك غير المقصودة للتغيير ويجب أن تكون العواقب مفهومة ومدروسة.
- سيتم تغيير الخدمة بشكل عادل ومتسق ومفتوح وفي أي مكان ممكن وتقييمها بموضوعية.

مؤشرات الأداء الرئيسية للعملاء والأعمال

- التباين في أداء الخدمة المطلوبة من قبل العملاء (الحد الأدنى والأقل).
- عدد الحوادث ضد الخدمة (منخفض ومتناقص).

مؤشرات الأداء الرئيسية الداخلية

- عدد التصميمات الفاشلة التي تم نقلها (صفر).
- الدورة زمنية لإجراء التقييم (منخفض وأقل).

إدارة التحقق من الصحة والاختبار
أهداف

المفهوم الأســاســي الذي يتم من خلاله اختبار الخدمة والتحقق من صــحتها يساهم في ضمان الجودة.

الغرض من عملية التحقق من صحة الخدمة واختبارها

تخطيط وتنفيذ عملية التحقق من الصــحة والاختبار الممنهجة التي تقدم دليلا موضـــوعيا على أن الخدمة الجديدة أو المتغيرة ســوف تدعم أعمال العميل ومتطلبات أصحاب المصلحة بما في ذلك مستويات الخدمة المتفق عليها.

تأكيد مستوى الجودة يضــمن الإصـدارو مكونات الخدمة المكونة له والخدمة الناتجة وقدرة الخدمة المقدمة من خلال الإصدار.

تحديد وتقييم ومعالجة القضايا والأخطاء والمخاطر طوال الوقت خلال عملية إنتقال الخدمة.

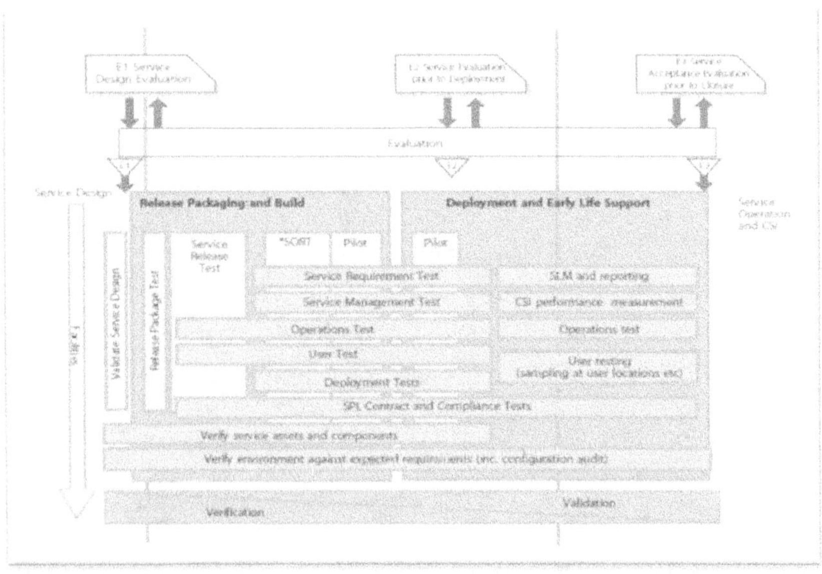

الشكل رقم (54) يبين عملية التحقق و الإختبار.
ITIL Service LifecycleTSO@Blackwell and other Accredited Agents.

مؤشرات الأداء الداخلية
- ⮞ الجهد والتكلفة اللازمين لإنشاء بيئة اختبار.
- ⮞ الجهد المطلوب للعثور على العيوب.

- ➢ عدد العيوب (حسب الأهمية والنوع والفئة وما إلى ذلك) مقارنة بموارد الاختبار المطبقة.
- ➢ انخفاض معدل الخطأ/العيوب في مراحل الاختبار اللاحقة أو الإنتاج.
- ➢ إعادة استخدام بيانات الاختبار.
- ➢ النسبة المئوية للحوادث المرتبطة بالأخطاء التي تم اكتشافها أثناء الاختبار وإصدارها في دورة الحياة.
- ➢ النسبة المئوية للأخطاء في كل مرحلة من مراحل دورة الحياة.
- ➢ العدد والنسبة المئوية للأخطاء التي كان من الممكن اكتشافها في الاختبار.
- ➢ حوادث الاختبار التي تم العثور عليها كنسبة مئوية من الحوادث التي وقعت في العمليات المباشرة.
- ➢ نسبة الأخطاء التي تم العثور عليها في مراحل التقييم السابقة نظرًا لأن تكاليف الإصلاح تتسارع بشكل حاد للتصحيح في المراحل اللاحقة من التحول.
- ➢ عدد الأخطاء المعروفة الموثقة في مراحل الاختبار السابقة.

الفصل الخامس: تشغيل الخدمة

الأهداف

- تنسيق وتنفيذ الأنشطة والعمليات المطلوبة لتقديم وإدارة الخدمات على المستويات المتفق عليها لمستخدمي الأعمال والعملاء.
- الإدارة المستمرة للتكنولوجيا المستخدمة لتقديم ودعم الخدمات.
- تنفيذ الأنشطة والعمليات المطلوبة لتقديم وإدارة الخدمات على المستويات المتفق عليها.

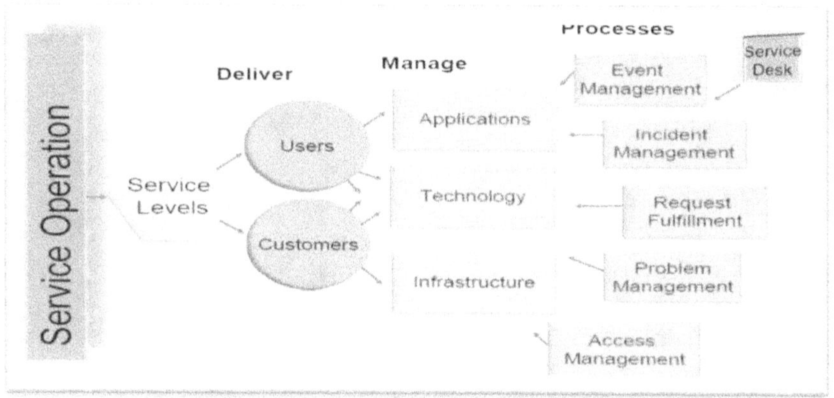

الشكل رقم (55) يبين عمليات ووظائف تشغيل الخدمة
EMC Professional Services-Mary Lou

العمليات و الوظائف

العمليات و مكتب الخدمة

- إدارة الأحداث.
- إدارة الحوادث.
- إدارة تنفيذ الطلبات.
- إدارة المشكلات.
- إدارة الوصول.

وظائف تشغيل الخدمة

- تشير إلى الأشخاص والتدابير الإدارية التي تنفذ عملية محددة أو نشاطًا أو مزيجًا من الاثنين.
- تحدد وظائف إدارة بيئة تكنولوجيا المعلومات للعمليات فى الحالة المستقرة.
- تحدد إدارة تكنولوجيا المعلومات الأدوار والمسؤوليات المختلفة المطلوبة لتقديم الخدمة الشاملة ودعم الخدمات.

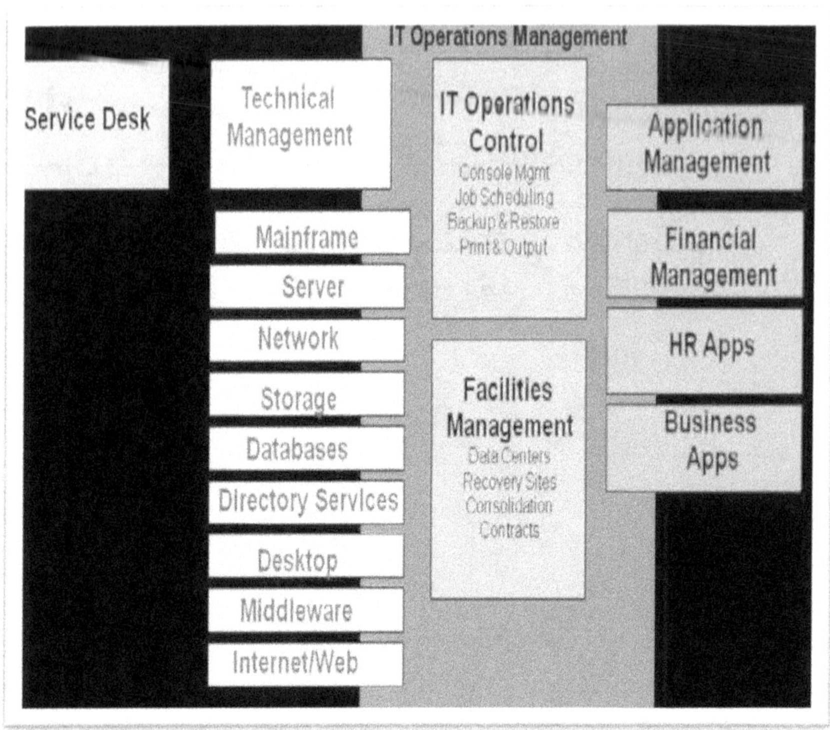

الشكل رقم (56) يبين لقطة من العمليات و الوظائف.
EMC Professional Services-Mary Lou

<u>**الوظائف**</u>

- ⮞ الإدارة الفنية.
  - إدارة عمليات تكنولوجيا المعلومات.
  - التحكم في عمليات تكنولوجيا المعلومات.
  - إدارة التسهيلات.
- ⮞ إدارة التطبيقات.

<u>دور الاتصالات في عمليات تشغيل الخدمة</u>

- ⮞ إن التواصل الجيد مهم في جميع مراحل دورة حياة الخدمة ولكن بشكل خاص في تشغيل الخدمة.
- ⮞ إن التواصل الجيد ضروري بين جميع موظفي إدارة خدمات تكنولوجيا المعلومات ومع المستخدمين/العملاء/الشركاء.
- ⮞ يمكن التخفيف من حدة المشكلات أو تجنبها من خلال التواصل الجيد.
- ⮞ يجب أن يكون لجميع الاتصالات الغرض المقصود والإجراء الناتج.

- ◄ الاتصالات التشغيلية الروتينية.
- ◄ الاتصالات بين الورديات.
- ◄ تقارير الأداء.
- ◄ الاتصالات المتعلقة بحالات الطوارئ.
- ◄ التدريب على العمليات الجديدة أو المخصصة وتصميمات الخدمة.

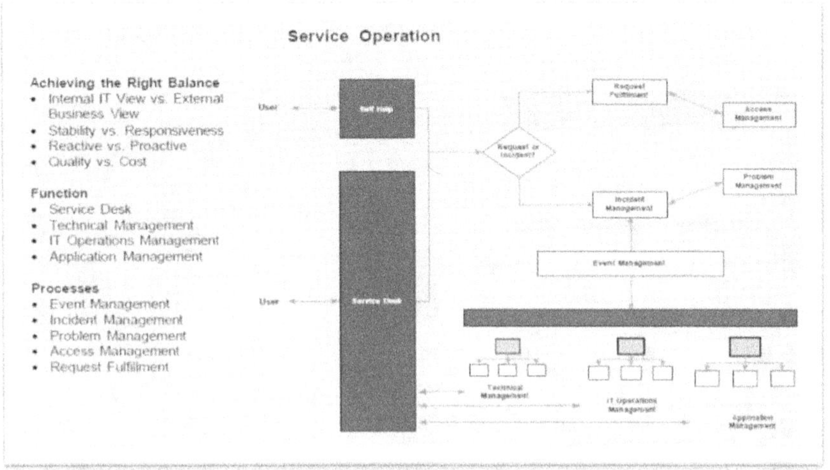

الشكل رقم (57) يوضح العمليات و الوظائف و تشغيل الخدمة.

ITIL V3 Foundation-The Art of Service Pty Ltd

الإدارة الفنية
الغرض

- هى المجموعات أو الفرق التي تقدم و تدير و تنفذ أعمال الخبرة الفنية والإدارة الشاملة للبنية الأساسية لتكنولوجيا المعلومات.

- تقوم بتوفير الموارد البشرية الفعلية لدعم دورة حياة نظام إدارة الخدمات و تتحقق من تدريب العاملين وتوظيفها بشكل فعال لتصميم وبناء وتحويل وتشغيل وتحسين التكنولوجيا المطلوبة لتقديم ودعم الخدمات.

- المعرفة الفنية والخبرة المتعلقة بإدارة البنية الأساسية لتكنولوجيا المعلومات. تضمن الإدارة الفنية أن المعرفة المطلوبة لتصميم واختبار وإدارة وتحسين خدمات تكنولوجيا المعلومات يتم تحديدها وتطويرها وصقلها.

<u>الأهداف</u>

- المساهمة في التخطيط وتنفيذ وصيانة البنية الأساسية الفنية المستقرة لدعم العمليات التجارية للمؤسسة.
- تكوين البنية الأساسية المصممة جيدًا والمرنة للغاية والفعّالة من حيث التكلفة.
- إستخدام المهارات الفنية الكافية للحفاظ على البنية الأساسية الفنية وتشخيص وحل أي أعطال فنية تحدث بسرعة.

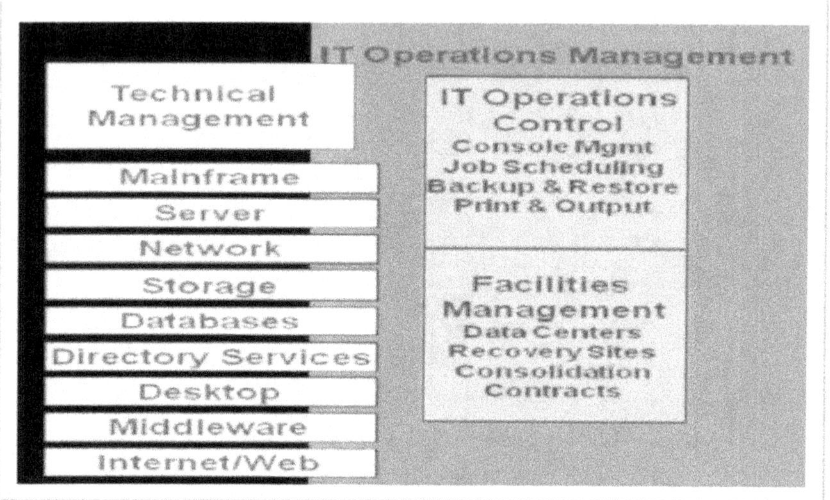

الشكل رقم (58) يبين الإدارة الفنية و أقسامها.
ITIL V3 Foundation-The Art of Service Pty Ltd

مقاييس الإدارة الفنية

- تعتمد المقاييس إلى حد كبير على التكنولوجيا التي يتم إدارتها.
- يتم قياس المخرجات المتفق عليها.
- المساهمة في قياس تحقق قيمة الخدمات الخارجية المقدمة إلى الشركة.
- يجب أن تعكس المقاييس المساهمات السلبية (الحوادث التي تم تتبعها إلى فريقهم) و المساهمات الإيجابية (أداء النظام وتوفره).
- يتم قياس معدلات المعاملات وتوافرها خاصة المعاملات الحرجة.
- قياس أداء وتدريب مكتب الخدمة.
- تسجيل حلول المشكلات في قاعدة بيانات KEDB
- مقاييس جودة المخرجات المحددة في اتفاقيات مستوى الخدمة.
- تثبيت وتكوين المكونات التى تديرها.

80

مقاييس العمليات

- وقت الاستجابة للأحداث ومعدلات إكمال الحدث.
- أوقات حل الحوادث و نسبة التصعيد لدعم الخط الثاني والثالث.
- إحصائيات حل المشكلات.
- عدد التصعيدات وسبب تلك التصعيدات.
- عدد التغييرات التي تم تنفيذها والتراجع عنها.
- عدد التغييرات غير المصرح بها التي تم اكتشافها.
- عدد الإصدارات الناجحة التي تم نشرها.
- مشكلات الأمان التي تم اكتشافها وحلها.
- الاستخدام الفعلي للنظام مقابل توقعات خطة السعة.
- تتبع قياسات تنفيذ خطط النظام.
- قياس الإنفاق مقابل الميزانية.

مقاييس أداء التكنولوجيا

تستند هذه المقاييس إلى مواصفات تصميم الخدمة ومعايير الأداء الفني التي يحددها البائعون، وعادةً ما تكون موجودة في OLAs أو إجراءات التشغيل القياسية و تتضمن:

- مقاييس معدلات الاستخدام (على سبيل المثال، الذاكرة أو المعالج للخادم، وعرض النطاق الترددي للشبكات، وما إلى ذلك).
- مقياس التوفر(للأنظمة والشبكات والأجهزة).
- قياس أداء الفريق و النظام.
- قياس التوفر الإجمالي للخدمة ولعدد من الأنظمة أو المكونات الفردية.
- مقاييس الأداء (على سبيل المثال، أوقات الاستجابة، ومعدلات الانتظار، وما إلى ذلك).
- مقياس متوسط الوقت بين أعطال المعدات المحددة لضمان اتخاذ قرارات شراء جيدة عند مقارنته بجداول الصيانة.
- قياس نشاط الصيانة التي يتم إجراؤها وفقًا للجدول والتحقق أن المعدات تخضع للصيانة بشكل صحيح.
- قياس عدد عمليات الصيانة التي تم تجاوزها.
- قياس أهداف الصيانة التي تم تحقيقها (العدد والنسبة المئوية).
- قياس أداء التدريب وتطوير المهارات وأن الموظفين لديهم المهارات والتدريب اللازمين لإدارة التكنولوجيا وتحديد المجالات المطلوب التدريب فيها.

81

<u>إدارة عمليات تكنولوجيا المعلومات</u>
<u>الغرض والأهداف</u>

- ➢ الإدارة والصيانة المستمرة للبنية التحتية لتكنولوجيا المعلومات لضمان تقديم المستوى المتفق عليه من الخدمات للأعمال.
- ➢ تشرف على تنفيذ مراقبة العمليات ومراقبة الأنشطة والأحداث التشغيلية في البنية التحتية لتكنولوجيا المعلومات.
- ➢ التدقيق والتحسينات المنتظمة لتحقيق خدمة محسنة بتكاليف منخفضة مع الحفاظ على الاستقرار.

عناصر الإدارة

<u>إدارة التحكم</u>

جدولة المهام والنسخ الاحتياطي والاستعادة وإدارة الطباعة والمخرجات وأنشطة الصيانة تنسيقا مع الفرق الفنية و إدارة التطبيقات.

<u>إدارة التسهيلات</u>

إدارة بيئة تكنولوجيا المعلومات المادية و تتكون من مركز بيانات وغرف كمبيوتر ومواقع الاسترداد بالإضافة إلى جميع معدات الطاقة والتبريد.

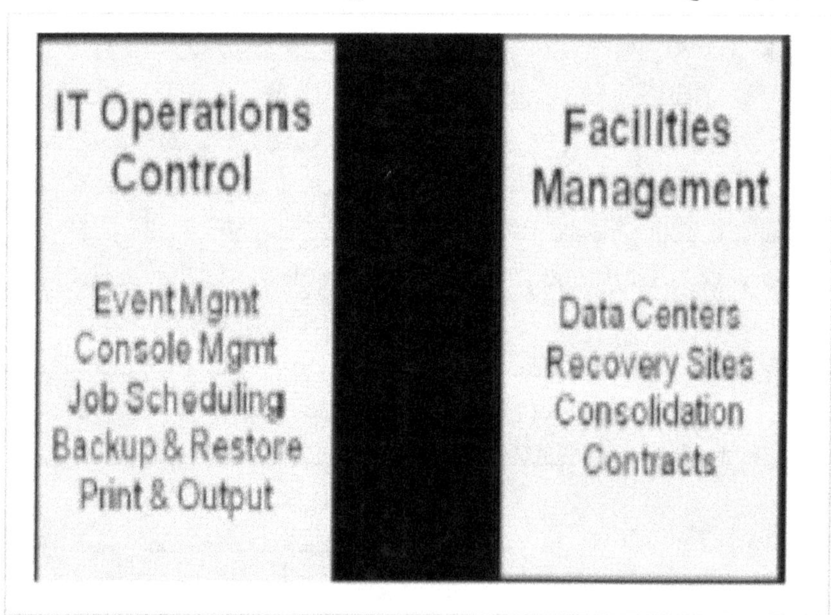

الشكل رقم (59) يبين إدارة عمليات تكنولوجيا المعلومات.
ITIL V3 Foundation-The Art of Service Pty Ltd

<u>مقاييس إدارة عمليات تكنولوجيا المعلومات</u>

- يتم قياس التنفيذ الفعال لأنشطة وإجراءات الصيانة التي يتم إجراؤها وفقًا للجدول الزمني.
- عدد عمليات الصيانة التي تم تجاوزها.
- أهداف الصيانة التي تم تحقيقها (العدد والنسبة المئوية).
- التكاليف مقابل الميزانية المتعلقة بالصيانة والبناء والأمن والشحن.
- الحوادث المتعلقة بمباني الخدمات والإصلاحات اللازمة.
- التقارير المتعلقة بالوصول إلى التسهيلات.
- عدد الأحداث الأمنية والحوادث وحلها.
- إحصائيات استخدام الطاقة وخاصة فيما يتعلق بالتغييرات في استراتيجيات التخطيط والتكييف البيئي.
- الأحداث أو الحوادث المتعلقة بالشحن والتوزيع.
- نسبة إتمام المهام المجدولة بنجاح.
- عدد الاستثناءات للأنشطة والمهام المجدولة.
- عدد عمليات استعادة البيانات أو النظام المطلوبة.
- إحصائيات تثبيت المعدات بما في ذلك عدد العناصر المثبتة حسب النوع والتثبيتات الناجحة.

<u>إدارة التطبيقات</u>
<u>الغرض</u>

- ➤ إدارة التطبيقات فى دورة حياة الخدمة.
- ➤ إدارة المعرفة التقنية والخبرة المتعلقة بالتطبيقات سواء تم شراؤها أو تطويرها داخليًا و توفر الموارد الفعلية لدعم دورة حياة نظام إدارة الخدمات.
- ➤ تقديم التوجيه لعمليات تكنولوجيا المعلومات حول أفضل السبل لتنفيذ الإدارة التشغيلية المستمرة للتطبيقات.
- ➤ المشاركة فى عمليات الدعم المستمر / الصيانة / تحسين التطبيقات.

<u>أهداف</u>

- ➤ تحديد المتطلبات الوظيفية والإدارية لبرامج التطبيقات لدعم العمليات الخدمية والتجارية المؤسسة.
- ➤ تحديد المهارات المطلوبة لدعم التطبيقات للحفاظ على التطبيقات التشغيلية في حالة مثالية.

83

➢ المساعدة في اتخاذ القرار بشأن إنشاء تطبيق أو شرائه.
➢ تصميم ونشر و دعم التطبيقات التشغيلية و المالية و التجارية و الموارد البشرية .
➢ توفير تطبيقات مصممة بشكل جيد ومرنة وفعالة من حيث التكلفة.
➢ الاستخدام السريع للمهارات الفنية لتشخيص وحل أي أعطال فنية تحدث بسرعة.

الشكل رقم (60) يبين دورة إدارة التطبيقات.
ITIL Service LifecycleTSO@Blackwell and other Accredited Agents

<u>عمليات إدارة التطبيقات</u>
تحديد المعرفة والخبرة المطلوبة لإدارة وتشغيل التطبيقات في تقديم خدمات تكنولوجيا المعلومات.
تبدأ هذه العملية أثناء مرحلة إستراتيجية الخدمة وتتوسع بالتفصيل في تحديد المعايير المستخدمة فى تصميم الخدمة ويتم تنفيذها في تشغيل الخدمة.
يتم إجراء التقييم والتحديث الهذه المهارات أثناء التحسين المستمر للخدمة.

84

- المشاركة في تصميم وبناء خدمات جديدة.
- المشاركة في المشاريع أثناء عملية تصميم الخدمة و لتحسين الخدمة المستمر أو المشاريع التشغيلية مثل ترقيات نظام التشغيل أو مشاريع دمج الخادم.
- تعتمد إدارة التوافر والسعة على إدارة التطبيقات للمساهمة في تصميم التطبيقات لتلبية مستويات الخدمة التي تتطلبها الشركة.
- المساعدة في تقييم المخاطر وتحديد التبعيات الحرجة للخدمات والنظام وتحديد وتنفيذ التدابير المضادة.
- تعتمد العديد من المنظمات على إدارة التطبيقات لإدارة العقود مع بائعي تطبيقات معينة.
- المشاركة في تحديد معايير إدارة الأحداث وخاصة في تجهيز التطبيقات لتوليد أحداث ذات مغزى.
- تُستخدم موارد إدارة التطبيقات لدعم إدارة المشكلات لتشخيص المشكلات وحلها وفي التحقق من صحة قاعدة بيانات KEDB وصيانتها مع فرق تطوير التطبيقات.
- تعتمد إدارة التغيير على المعرفة والخبرة الفنية لتقييم التغييرات ويتم إنشاء العديد من التغييرات بواسطة فرق إدارة التطبيقات.
- تعتمد إدارة الإصدار الناجحة على مشاركة موظفي إدارة التطبيقات.
- تعمل إدارة التطبيقات على تحديد وإدارة وصيانة سمات وعلاقات عناصر التكوين للتطبيقات في نظام إدارة التكوين.
- تشارك إدارة التطبيقات في عمليات التحسين المستمر للخدمة وخاصة في تحديد فرص التحسين و المساعدة في تقييم الحلول البديلة.
- تضمن إدارة التطبيقات تحديث جميع وثائق النظام والتشغيل واستخدامها بشكل صحيح.
- التأكد من تحديث جميع أدلة التصميم والإدارة والمستخدمين واكتمالها وأن موظفي إدارة التطبيقات والمستخدمين على دراية بمحتوياتها.
- التعاون مع الإدارة الفنية في إجراء تحليل احتياجات التدريب والحفاظ على المهارات.
- المشاركة في تحديد الأنشطة التشغيلية التي يتم إجراؤها كجزء من إدارة عمليات تكنولوجيا المعلومات.

إدارة مكتب الخدمات

الغرض

- ➤ مكتب الخدمة هو وحدة وظيفية تتكون من عدد مخصص من الموظفين المسؤولين عن التعامل مع مجموعة متنوعة من أحداث الخدمة أو أحداث البنية التحتية التي يتم الإبلاغ عنها تلقائيًا و يتم إجراؤها غالبًا عبر المكالمات الهاتفية أو واجهة الويب.

- ➤ يعمل كنقطة اتصال يومية موحدة لمستخدمي الخدمات للحفاظ على الخدمة المستقرة للمستخدمين و العملاء.

- ➤ يعمل على المستوى الأول لإدارة الحوادث وتلبية الطلبات أي تسجيل المكالمات وإجراء التشخيص الأولي والتحقيق وحلها وإغلاقها إن أمكن و استعادة الخدمة في أسرع وقت ممكن.

- ➤ إدارة الحوادث طوال دورة حياة الخدمة والتي تتضمن أيضًا اتصالات المستخدم والتصعيد الفني والتسلسل الهرمي.

- ➤ إجراء استبيان رضا العملاء/المستخدمين.

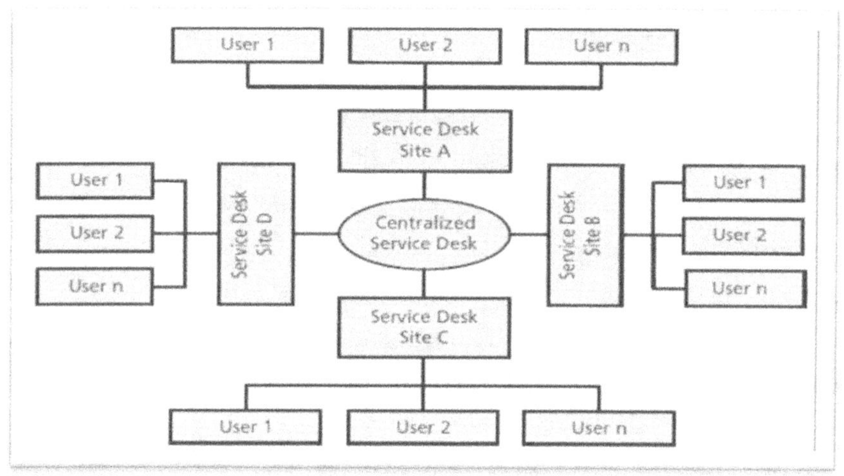

الشكل رقم (61) يبين نموذج مكتب خدمة مركزى.
Van Haren Publishing

أنواع مكاتب الخدمة

مكتب محلي
يقع فعليًا بالقرب من مجتمع المستخدمين الذي يخدمه.

مكتب مركزي
يتم نشر مكتب الخدمة في موقع مادي مركزي واحد.

<u>**مكتب افتراضي**</u>

تصور مكتب خدمة مركزي واحد من خلال استخدام الأدوات التكنولوجية لإنشاء مكتب خدمة افتراضي.

<u>**مركز اتصال call center**</u>

مكاتب خدمة متعددة عبر المناطق الزمنية لتوفير خدمة على مدار 24 ساعة طوال أيام الأسبوع.

<u>**مكتب تخصصى**</u>

يمكن توجيه الحوادث أو الطلبات المتعلقة بخدمات معينة لتكنولوجيا المعلومات مباشرة عبر اختيار الهاتف أو الرد الآلي التفاعلي أو واجهة على شبكة الإنترنت إلى المجموعة المتخصصة للتعامل معها.

<u>**عمليات مكتب الخدمة**</u>

الهدف الأساسي لمكتب الخدمة هو استعادة وضع الخدمة الطبيعي للمستخدمين في أسرع وقت ممكن وعلى أوسع نطاق ممكن فى حينه.

العمل على إصلاح أى خطأ فني و تلبية طلبات الخدمة أوالإجابة على استفسار مطلوب للسماح المستخدمين للعودة إلى العمل بشكل طبيعى.

الشكل رقم (62) يبين طرق الإتصال بمكتب الخدمة.
ITIL®4 Practice Guide, AXELOS Copyright.

<u>**إجراءات مكتب الخدمة**</u>

- ➤ تسجيل جميع تفاصيل الحوادث وطلبات الخدمة ذات الصلة وتخصيص رموز التصنيف والأولويات.
- ➤ توفير التحقيق والتشخيص في الخط الأول.
- ➤ حل تلك الحوادث وطلبات الخدمة التي يمكنهم القيام بها
- ➤ تصعيد الحوادث وطلبات الخدمة التي لا يمكن حلها ضمن جداول الزمنية متفق عليها.

➢ التواصل مع المستخدمين و إبقائهم على اطلاع بالتقدم في الحادث وإخطارهم بالتغييرات الوشيكة أو الانقطاعات المتفق عليها.

➢ إغلاق جميع الحوادث والطلبات والمكالمات الأخرى التي تم حلها.

➢ إجراء عمليات الاسترجاعات و الاستبيانات المتعلقة برضا العملاء المستخدمين على النحو المتفق عليه.

➢ التنسيق لتحديث نظام إدارة التكوين بتوجيه وموافقة وفقا لمخططات و تعليمات العمليات.

مؤشرات أداء مكتب الخدمة

تقييمات دورية للصحة والنضج والكفاءة والفعالية وأي فرصة للتحسين واقعية ومختارة بعناية والعدد الإجمالي للمكالمات ليس في حد ذاته جيدًا أو سيئًا.

أمثلة مؤشرات الأداء:

➢ عدد المكالمات إلى مكتب الخدمة.

➢ عدد المكالمات إلى موظفي الدعم الآخرين بعد أول اتصال.

➢ تقليل التصعيد مع مرور الوقت.

➢ معدل دقة نتيجة الإتصال الأول وقت حل المكالمة.

➢ متوسط الوقت لحل و/أو تصعيد الحادث.

➢ إجمالي تكاليف الفترة مقسومًا على إجمالي دقائق مدة المكالمة.

➢ عدد المكالمات المقطوعة حسب الوقت من اليوم واليوم من الأسبوع بالإضافة إلى متوسط وقت المكالمة.

➢ استبيانات رضا العملاء/المستخدمين.

➢ استخدام المساعدة الذاتية (حيثما وجدت).

عمليات تشغيل الخدمة

➢ الهدف من عمليات تشغيل الخدمة هو تحقيق الفعالية والكفاءة و تخليق القيمة من تقديم ودعم خدمات تكنولوجيا المعلومات.

➢ يوضح الشكل رقم (57) مقدار المسؤولية التي يتحملها مكتب الخدمة ومجموعات الدعم الفني (الوظائف الفنية وعمليات تكنولوجيا المعلومات وإدارة التطبيقات) في عمليات تشغيل الخدمة.

➢ يتم تنفيذ إدارة الحوادث وتلبية الطلبات وإدارة الوصول بشكل أساسي بواسطة مكتب الخدمة.

➢ عمليات إدارة الأحداث وإدارة المشكلات تعتبر عمليات داخلية.

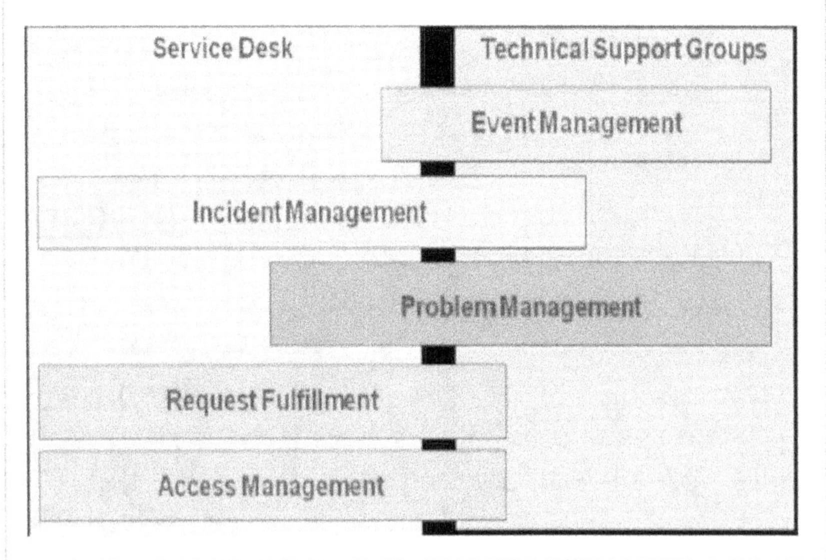

الشكل رقم (63) يبين عمليات تشغيل الخدمة.
ITIL V3 Foundation-The Art of Service Pty Ltd

مصطلحات تشغيل الخدمة

الأحداث Events

- تغيير متوقع أو غير متوقع لحالة أحد مكونات تكنولوجيا المعلومات والذي قد يؤثر سلبًا على تقديم خدمات تكنولوجيا المعلومات.
- الأحداث هي عادةً إشعارات يتم إنشاؤها بواسطة خدمة تكنولوجيا المعلومات أو عنصر التكوين (CI) أو أداة مراقبة.

أنواع الإحداث

- إشعار Informational
- حدث لا يتطلب أي إجراء أو عملية منتظمة مثال: إشعار بأن عبء العمل المجدول قد اكتمل.

تحذير Warning

- حدث غير معتاد ولكنه ليس استثناءً، ويتطلب مراقبة أكثر دقة.
- مثال: يقترب استخدام وحدة المعالجة المركزية للخوادم من الحد الأقصى لعتبة الأداء.

استثناء Exception

- حدث يشير إلى أن الخدمة أو الجهاز يعمل بشكل غير طبيعي.
- مثال: يكشف فحص APC عن تثبيت برنامج غير مصرح به.

89

<u>تنبيه Alert</u>

تحذير ببلوغ حد معين أو حدوث تغيير ما أو حدوث عطل.

غالبًا ما يتم إنشاء التنبيهات وإدارتها بواسطة أدوات إدارة النظام.

تتم إدارة التنبيهات بواسطة عملية إدارة الأحداث.

الهدف هو إخطار أصحاب المصلحة المعنيين.

<u>حادث Incident</u>

انقطاع غير مخطط له لخدمة أو انخفاض في جودة خدمة أو فشل أحد المكونات لم يؤثر على الخدمة ولكن من المحتمل أن يعطل الخدمة إذا ترك دون علاج.

مثال: فشل خادم في وضع تشغيل معين.

<u>مشكلة Problem</u>

- ➤ تحدث بسبب وقوع حادثة واحدة أو أكثر ولا يكون السبب معروفًا عادةً في وقت إنشاء سجل المشكلة، وتكون عملية إدارة المشكلة مسؤولة عن إجراء مزيد من التحقيقات.
- ➤ يتم تحديد أولوياتها بنفس الطريقة ولنفس الأسباب التي يتم بها تحديد أولويات الحوادث.

<u>خطأ معروف Known Error (KE)</u>

- ➤ مشكلة لها سبب جذري موثق وحل بديل.
- ➤ قد يتم إطلاق مصطلح خطأ معروف على مشكلة لم يتم معرفة سببها الجذري ولكن تم تحديد حل بديل.
- ➤ يتم إنشاء سجل الأخطاء المعروفة وإدارتها طوال دورة حياة الخدمة بواسطة إدارة المشكلات.
- ➤ قد يتم تحديد الأخطاء المعروفة بواسطة مسئولى التطوير أو الموردين.

<u>قاعدة بيانات الأخطاء المعروفة (KEDB)</u>

الغرض منها تخزين معلومات الحوادث والمشكلات السابقة والتفاصيل الدقيقة للخطأ والأعراض التي حدثت و كيف تم التغلب عليها.

تساعد فى التشخيص والحل بشكل أسرع إذا تكررت الحوادث/المشكلات.

<u>الحل البديل Workaround</u>

- ➤ طريقة مؤقتة لاستعادة حالات فشل الخدمة إلى مستوى قابل للاستخدام.
- ➤ على سبيل المثال إعادة تشغيل الخادم المعطل.
- ➤ تُستخدم لتقليل أو القضاء على تأثير حادثة أو مشكلة لم يتوفر لها حل كامل.
- ➤ الحلول البديلة للحوادث التي لا توجد لها سجلات مرتبطة بها توثق في سجل الأحداث.
- ➤ الحلول البديلة للمشاكل توثق في سجلات الأخطاء المعروفة.

التأثير Impact

مقياس لتأثير حادثة أو مشكلة أو تغيير على العمليات التجارية.
يعتمد على كيفية تأثر مستويات الخدمة.

الإلحاح Urgency

مقياس للمدة التي ستستغرقها حادثة أو مشكلة أو تغيير حتى يكون لها تأثير كبير على الأعمال.

الأولوية Priority

- ➤ الأهمية النسبية لحادثة أو مشكلة أو تغيير.
- ➤ تعتمد الأولوية على التأثير والإلحاح وتُستخدم لتحديد الأوقات المطلوبة لاتخاذ الإجراءات.
- ➤ قد تنص اتفاقية مستوى الخدمة على أنه يجب حل الحوادث ذات الأولوية 2 في غضون 12 ساعة.

إدارة الأحداث

التعريف

العملية المسؤولة عن مراقبة الأحداث طوال دورة حياتها.

الأهداف

- ➤ الكشف عن الأحداث وفهمها وتحديد إجراء التحكم المناسب.
- ➤ يمكن استخدامها كأساس لأتمتة العديد من أنشطة إدارة العمليات الروتينية.
- ➤ تنفيذ البرامج النصية (سكريبتات) على الأجهزة البعيدة.
- ➤ توفر طريقة لمقارنة الأداء والسلوك الفعليين بمعايير التصميم واتفاقيات مستوى الخدمة و توفير الأساس للمراقبة والتحكم التشغيلي.

أنشطة العملية

- ➤ حدوث الحدث.
- ➤ اكتشاف الحدث والتصفية والإخطار به.
- ➤ تحديد أهمية الحدث (نوع الحدث إشعار أو تحذير أو الاستثناء).
- ➤ تقييم ارتباط الحدث.
- ➤ الاستجابة للحدث
- ➤ مراجعة الحدث وإغلاقه.

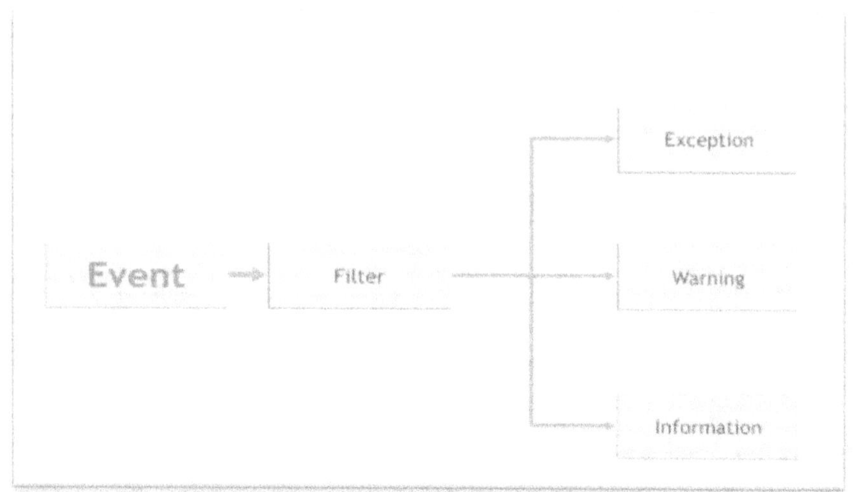

الشكل رقم (64) يبين تصنيف الأحداث.
ITIL® V3 FOUNDATION CERTIFICATION E-LEARNING COURSE.

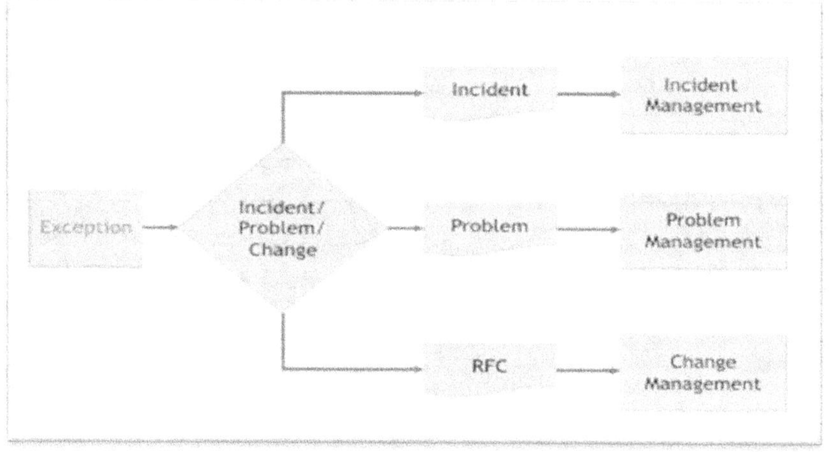

الشكل رقم (65) يبين تصنيف الحدث الإستئنائى.
ITIL® V3 FOUNDATION CERTIFICATION E-LEARNING COURSE.

<u>أنظمة المراقبة والتحكم و إدارة الأحداث</u>

تعتمد على نوعين من الأدوات:

- أدوات المراقبة النشــطة التي تســتطلع CIs الرئيســية لتحديد حالتها وتوافرها و فى حالة حدوث أي استثناءات ســوف يتم إنشــاء تنبيه يتم إرساله إلي الأداة المناسبة أو الشخص المناسب للعمل.

- أدوات المراقبة الســلبية تعرض فقط التنبيهات التشــغيلية الناتجة عن عناصر التكوينCis.

92

<u>نطاق تطبيق إدارة الأحداث</u>

يمكن تطبيق إدارة الأحداث على أي جانب من جوانب إدارة الخدمة التي تحتاج إلى السيطرة عليها بالمراقبة و الرصد و يمكن أن تكون العملية آلية.

<u>عناصر التكوين</u>

يتم مراقبة و رصد بعض CIs التى يجب أن تكون في حالة ثابتة مستقرة. يتم بيان بعض CIs بسبب حالتها غير المستقرة بشكل متكرروتحتاج إلى التغيير.

يمكن استخدام إدارة الأحداث لأتمتة تحديث نظام إدارة التكوين وفقا للرصد.

<u>الظروف البيئية</u>

مثل كشافات النار والدخان و الغاز.

<u>مراقبة ترخيص البرمجيات</u>

تتم المراقبة لضمان الاستخدام الأمثل/القانوني للترخيص وتخصيصه.

<u>الأمن</u>

إجراءات أمن المعلومات مثل كشف حالات التسلل و محاولات القرصنة.

<u>النشاط العادي</u>

مثل تتبع استخدام أحد التطبيقات أو أداء الخوادم.

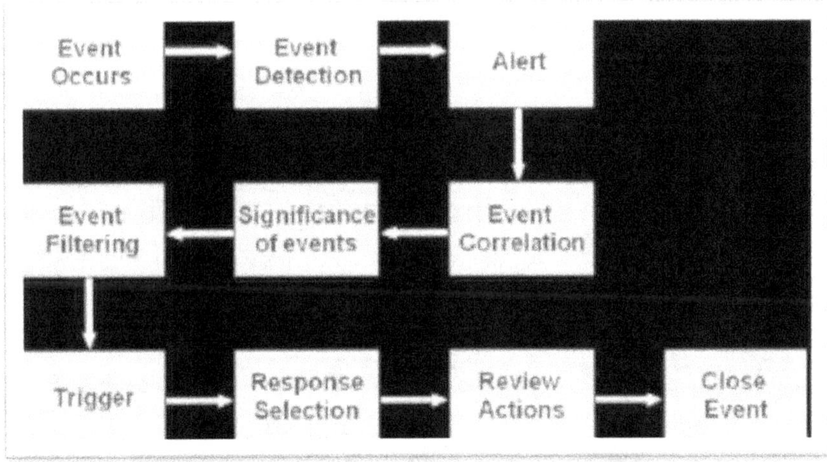

الشكل رقم (66) يبين مراحل التعامل مع الحدث
ITIL V3 Foundation-The Art of Service Pty Ltd

<u>أهمية إدارة الأحداث</u>

تحقق إدارة الأحداث قيمة للمؤسسة بطريقة غير مباشرة بشكل عام ولكن يمكن تحديد أساس قيمتها على النحو التالي:

➤ توفر إدارة الأحداث آليات للكشف المبكر عن الحوادث.

➢ يمكن اكتشاف الحادث وتكليف المجموعة المناسبة لاتخاذ الإجراء قبل حدوث أي انقطاع فعلي للخدمة.

➢ يمكن مراقبة بعض أنواع الأنشطة عن طريق آلية كشف الاستثناء بدون الحاجة إلى المراقبة في الوقت الحقيقي المكلفة والمكثفة للموارد مع تقليل وقت التوقف عن العمل.

➢ يمكن الإستفادة من تقاريرإدارة الأحداث عن تغييرات الحالة أو الاستثناءات أو الإنحراف عن الطبيعى فتسمح بأداء الاستجابة المبكرة، وبالتالي تحسين أداء العملية مما يحقق القيمة الأكثر فعالية وكفاءة.

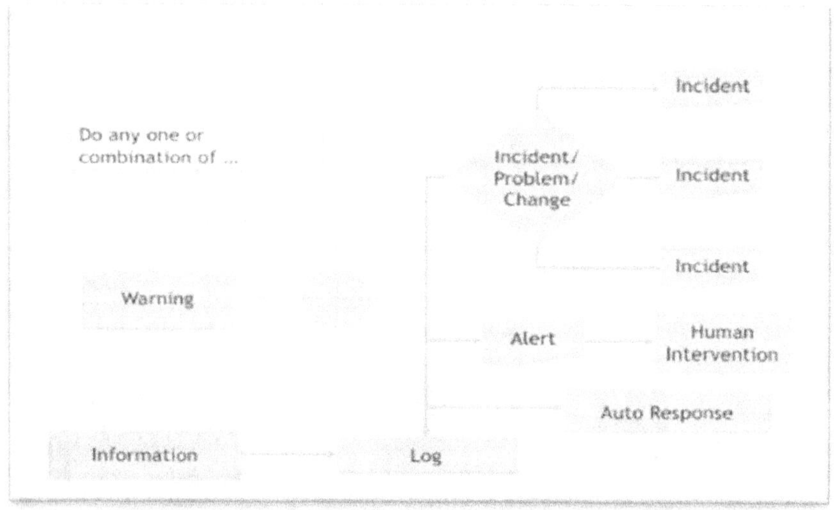

الشكل رقم (67) يبين التحذير وإدارة الأحداث و المشكلات و الحوادث.
TIL® V3 FOUNDATION CERTIFICATION E-LEARNING COURSE.

إدارة الحوادث

هى عملية التعامل مع كافة الحوادث و يمكن أن يشمل ذلك حالات الفشل أو الأسئلة أو الاستفسارات التي أبلغ عنها المستخدمون (عادةً عبر مكالمة هاتفية إلى مكتب الخدمة) أو بواسطة الموظفين الفنيين أو تم اكتشافها والإبلاغ عنها تلقائيًا بواسطة أدوات مراقبة الأحداث.

أهداف

➢ إستعادة التشغيل العادي للخدمة في أسرع وقت ممكن وتقليل التأثير السلبي على العمليات التجارية.

➢ ضمان الحفاظ على أفضل المستويات الممكنة لجودة الخدمة وتوافرها أي استعادة الخدمة ضمن اتفاقيات مستوى الخدمة.

<u>نطاق العمل</u>

إدارة أي انقطاع أو انقطاع محتمل لخدمات تكنولوجيا المعلومات الحية. الحوادث يتم تحديدها بأحد الطرق التالية:-

◄ مباشرة من قبل المستخدمين من خلال مكتب الخدمة.

◄ من خلال واجهة من إدارة الأحداث إلى أدوات إدارة الحوادث.

◄ تم الإبلاغ عنها و/أو تسجيلها من قبل الموظفين الفنيين.

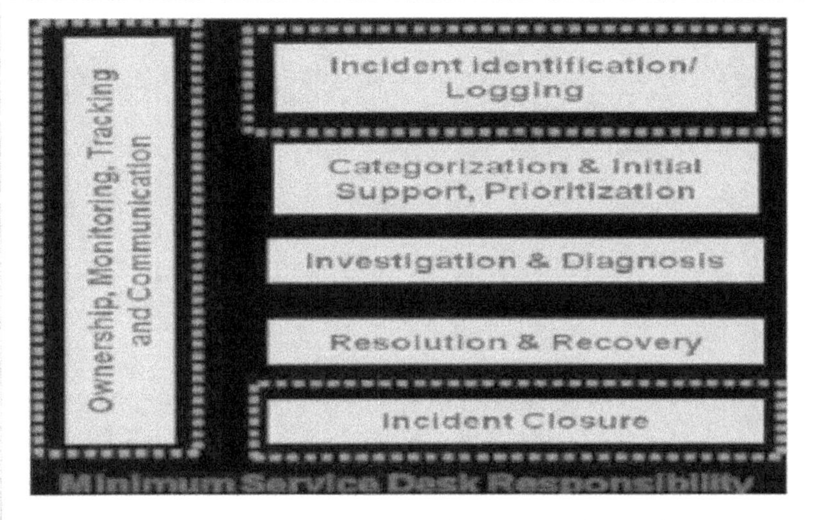

الشكل رقم (68) يبين أنشطة إدارة الحوادث
ITIL V3 Foundation-The Art of Service Pty Ltd

<u>قيمة إدارة الحوادث للأعمال</u>

◄ انخفاض وقت التوقف عن العمل وهو ما يعني بدوره توفرًا أكبر للخدمة.

◄ القدرة على تحديد أولويات العمل وتخصيص الموارد ديناميكيًا حسب الضرورة والقدرة على تحديد التحسينات المحتملة للخدمات.

<u>مفاهيم أساسية</u>

<u>الجداول الزمنية للتعامل مع الحوادث</u>

◄ يجب الاتفاق على الجداول الزمنية لجميع مراحل التعامل مع الحادث اعتمادًا على الأولوية واتفاقيات مستوى الخدمة.

◄ يوثق ذلك في العقد الأساسى و اتفاقية مستوى التشغيل OLA's & UC's.

◄ يجب أن تكون جميع مجموعات الدعم على علم تام بهذه الجداول الزمنية.

- نموذج الحادث هو خطوات، محددة مسبقًا للتعامل، مع حادث معين.
- يتضمن النموذج الخطوات التي يجب اتخاذها للتعامل مع الحادث.
- الترتيب الذي يجب أن يتم به تنفيذ هذه الخطوات.
- المسؤوليات و الأدوار من يجب أن يفعل ماذا.

الحادث الكبير

حادث من الحوادث ذات التأثيرات الكبيرة أو الجسيمة أو الإلحاح الكبير.

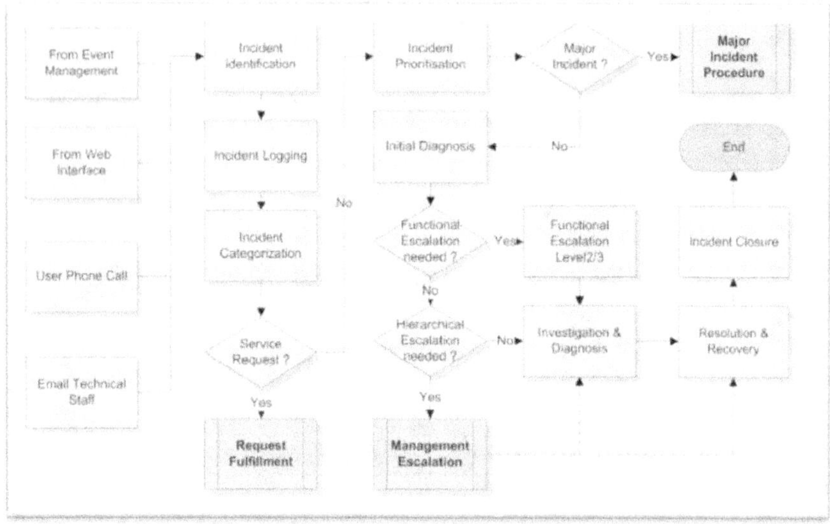

الشكل رقم (69) مخطط أنشطة عملية إدارة الحوادث.

ITIL® V3 FOUNDATION CERTIFICATION E-LEARNING COURSE

علاقة إدارة الحوادث بإدارت نظام الخدمة

الشكل رقم (70) يوضح العلاقة بين إدارات نظام الخدمة.

- تؤثر الحوادث على العقد الأساسى و إتفاقية مستوى الخدمة و إتفاقية المستوى التشغيلى.
- حوادث الأداء توثر فى أعمال إدارة القدرة.
- الحوادث تؤثر فى إدارة إتاحية الخدمة.
- الحوادث تتطلب تعديلات قواعد بيانات التكوين.
- الحوادث تتطلب أعمال إدارة التغيير.
- الحوادث تتطلب تداخل إدارة المشكلات.
- بعض الأحداث تتحول إلى حوادث تتطلب تنسيق بين الإدارتين.

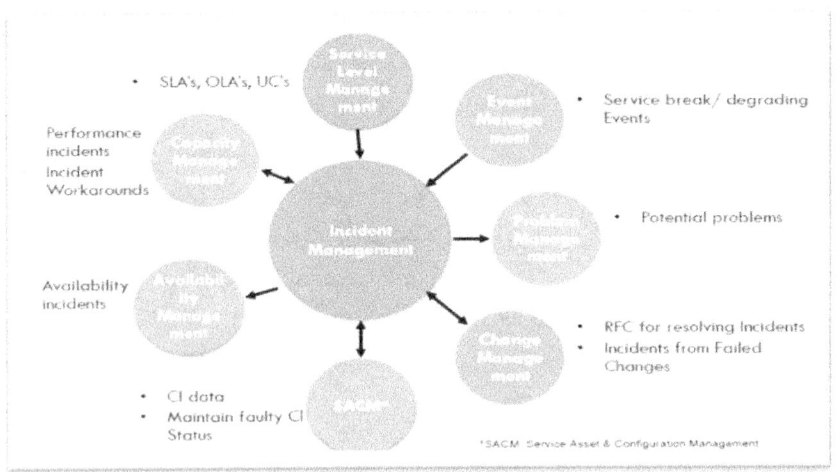

الشكل رقم (70) يبين علاقة إدارة الحوادث بالإدارات ذات الصلة

ITIL® V3 FOUNDATION CERTIFICATION E-LEARNING COURSE.

أهمية إدارة الحوادث

- تعد إدارة الحوادث واضحة للغاية بالنسبة للمؤسسة ومن الأسهل إثبات قيمتها مقارنة بمعظم مجالات تشغيل الخدمة.

- غالبًا ما تكون إدارة الحوادث إحدى العمليات الأولى التي يتم تنفيذها في مشاريع إدارة الخدمة.

- إدارة الحوادث يمكن استخدامها لتسليط الضوء على المجالات الأخرى التي تحتاج إلى الاهتمام وبالتالي توفير مبرر للإنفاق على تنفيذ عمليات أخرى.

إدارة المشكلات

تعريف

عملية مسؤولة عن إدارة دورة حياة جميع المشكلات وتسعى إدارة المشكلات إلى تحديد وإزالة السبب الجذري للحوادث في البنية التحتية لتكنولوجيا المعلومات.

أهداف

منع حدوث المشكلات والحوادث الناتجة والقضاء على الحوادث المتكررة.
تقليل تأثير الحوادث التي لا يمكن منعها.

نطاق العمل

تتكون إدارة المشكلات من عمليتين رئيسيتين:
إدارة المشكلات التفاعلية و إدارة المشكلات الإستباقية.

<u>إدارة المشكلات التفاعلية</u>

يتم تنفيذها كجزء من عملية تقديم الخدمة و أثناءها وتشبه أنشطة إدارة الحوادث في تسجيل المشكلات وتصنيفها و لكن يتم إجراء تحليل السبب الجذري الفعلي وتصحيح الخطأ المعروف.

➢ اكتشاف المشكلات وتسجيلها.

➢ تصنيف المشكلات وتحديد الأولويات.

➢ التحقيق في المشكلة وتشخيصها.

➢ تطبيق الحلول البديلة ورفع المشكلة إلى سجلات الأخطاء المعروفة.

➢ حل المشكلة والإغلاق.

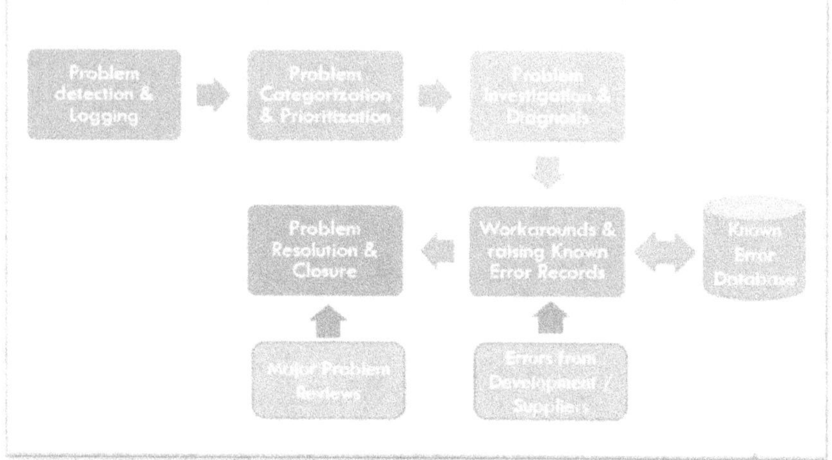

الشكل رقم (71) يبين مخطط إدارة المشكلات التفاعلية
ITIL® V3 FOUNDATION CERTIFICATION E-LEARNING COURSE

<u>إدارة المشكلات الاستباقية</u>

➢ تبدأ في مرحلة التحسين المستمر و أعمال الصيانة التنبؤية.

➢ هدفها تخطيط منع المشكلات المستقبلية من خلال تحليل سجلات الحوادث.

➢ يتم استخدام البيانات التي تم جمعها من خلال عمليات إدارة الخدمات الأخرى والمصادر الخارجية لتحديد الاتجاهات أو المشكلات الهامة.

<u>ملاحظات</u>

➢ مراجعات المشكلات الكبرى تمثل مدخلا للحلول.

➢ أخطاء من التطوير / الموردين تمثل مدخلا للحلول البديلة.

➢ قاعدة بيانات الأخطاء المعروفة تشتمل على سجلات المشكلات و الحلول.

98

- الشك فى وجود سبب غير معروف لواحدة أوأكثر من الحوادث من قبل مكتب الخدمة مما أدى إلى تسجيل المشكلة.
- المكتب قام بحل الحادث و لم يحدد سببًا نهائيًا ويشتبه في احتمال تكراره.
- يتم تسجيل المشكلة للسماح بحل السبب الأساسي فقد يكون الحادث أو الحوادث نتجت عن مشكلة كبيرة.
- تحليل الحادث من قبل مجموعة الدعم الفني والذي قد يكشف عن وجود مشكلة أساسية أو من المحتمل وجودها.
- الكشف التلقائي عن خطأ في البنية التحتية أو التطبيق باستخدام أدوات المراقبة والتنبيه تلقائيًا يكشف عن الحاجة إلى سجل المشكلة.
- إخطار من المورد أو المقاول بوجود مشكلة يجب حلها.
- تحليل الحوادث كجزء من الإدارة الاستباقية للمشكلات مما يؤدي إلى الحاجة إلى تسجيل المشكلة بحيث يمكن إجراء مزيد من التحقيق في الخطأ الأساسي.

علاقة إدارة المشكلات مع العمليات الأخرى

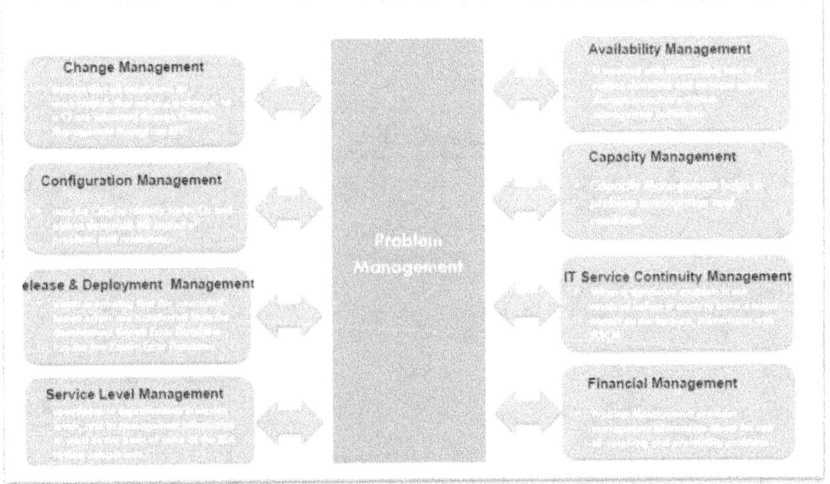

الشكل رقم (72) يوضح علاقة إدارة المشكلات بالإدارات الأخرى
ITIL® V3 FOUNDATION CERTIFICATION E-LEARNING COURSE.

بيانات سجل المشكلة

- بيانات المستخدم
- تفاصيل الخدمة

➢ تفاصيل المعدات

➢ التاريخ/الوقت الذي تم تسجيله في البداية

➢ تفاصيل الأولوية والتصنيف

➢ وصف الحدث

➢ تفاصيل جميع الإجراءات التشخيصية أو محاولات الاسترداد المتخذة.

إدارة التغيير

يضمن تقديم جميع القرارات أو الحلول البديلة التي تتطلب تغييرًا في CI من خلال إدارة التغيير من خلال RFC طلب تغيير.

إدارة التكوين

يستخدم نظام إدارة التكوين (CMS) لتحديد CIs المعيبة وأيضًا لتحديد تأثير المشكلات والحلول على عناصر التكوين.

إدارة الإصدار والنشر

تساهم بضمان نقل الأخطاء المعروفة الجديدة من قاعدة بيانات الأخطاء المعروفة تحت التطوير إلى قاعدة بيانات الأخطاء المعروفة المباشرة.

إدارة التوفر

تشارك في تحديد كيفية تقليل وقت التوقف عن العمل وزيادة وقت التشغيل من خلال تقنيات إدارة المشكلات الاستباقية.

إدارة القدرات

يساعد في التحقيق في المشكلة وحلها.

إدارة استمرارية خدمات تكنولوجيا المعلومات

تتفاعل وتنسق مع إدارة استمرارية الخدمات عندما لا يتم حل مشكلة كبيرة قبل أن يكون لها تأثير كبير على إستمرارية الأعمال.

الإدارة المالية

توفر إدارة المشكلات معلومات مالية حول تكلفة حل المشكلات ومنعها.

إدارة تنفيذ الطلبات

تعريف

عمليات التعامل مع طلبات الخدمة من المستخدمين.

أهداف

➢ توفير خدمات قياسية محددة ومعتمدة مسبقًا للمستخدمين.

➢ تزويد المستخدمين بالمعلومات عن الخدمات المتاحة وإجراءات الحصول عليها.

➢ تقديم الخدمات القياسية المطلوبة.

- مساعدة مستخدمي تكنولوجيا المعلومات بالمعلومات العامة وقبول التعليقات وتلقى الشكاوى.

طرق تنفيذ الطلبات

مكتب الخدمة/إدارة الحوادث

قد تأتي العديد من طلبات الخدمة عبر مكتب الخدمة ويمكن معالجتها في البداية من خلال عملية إدارة الحوادث.

طلبات نشر مكونات جديدة أو تمت ترقيتها

هناك رابط قوي بين إدارة تنفيذ الطلبات وإدارة الإصدار وإدارة الأصول والتكوين، حيث ستكون بعض الإصدارات يمكن نشرها تلقائيًا و بعضها يتم نشره فقط بناءً على طلب في مثل هذه الحالات يمكن تحديد الإصدار مسبقًا وإنشاؤه واختباره و يجب تحديث نظام إدارة التكوين (CMS) و سيكون من الضروري أيضًا إجراء عمليات فحص/تحديثات لتراخيص البرامج.

مؤثرات تنفيذ الطلبات

يتأثر نطاق تنفيذ الطلبات بشكل كبير بنجاح إدارة التغيير.

أنواع التغييرات المعتمدة مسبقًا و إدارتها والتحكم فيها وتنفيذها بشكل فعال كجزء من التحسين المستمر.

ينمو نطاق تنفيذ الطلبات بمرور الوقت مع تطور ونمو طلبات الخدمة.

أهم أمثلة الطلبات

- قيام المستخدمين والعملاء بطرح الأسئلة وتقديم التعليقات و الشكاوى.
- بعض المستخدمين يسعون إلى إجراء تغييرات مستويات الوصول.
- المستخدمون الذين يرغبون في تثبيت خدمات وتطبيقات مشتركة لاستخدامهم (بما في ذلك التغييرات القياسية)
- يمكن أتمتة العديد من عناصر تلبية الطلب باستخدام المساعدة الذاتية.

عوامل تنفيذ الطلبات

- الاتفاق على الخدمات القياسية التي سيتم توحيدها ومن يحق له طلبها. يتم الاتفاق على تكلفة الخدمات و تحديد أي فروق في الخدمات.
- يتم نشر الخدمات للمستخدمين فى كتالوج الخدمة.
- كتالوج الخدمة ينشرعلى الشبكة الداخلية باعتباره المصدر الأول لمعلومات للمستخدمين الذين يسعون إلى طلب الخدمة.
- تحديد إجراءات الاستيفاء المعياري لكل خدمة من الخدمات المطلوبة ويتضمن ذلك جميع سياسات الشراء والقدرة على إنشاء أوامر الشراء وأوامر العمل.

➢ تحديد نقطة اتصال واحدة يمكن استخدامها لطلب الخدمة يتم توفير ذلك غالبًا من خلال مكتب الخدمة أو س ن خلال طلب عبر شبكة داخلية ولكن يمكن أن يتم ذلك من خلال طلب تلقائي مباشرة في نظام تلبية الطلبات أو المشتريات.

➢ توفير أدوات الخدمة الذاتية اللازمة للمستخدمين و تتكامل هذه الأدوات مع أدوات التنفيذ الأساسية التي تتم إدارتها من خلال إدارة الحوادث أو التغيير.

نماذج الطلبات

➢ يجب إنشاء نماذج طلبات محددة للعملاء و المستخدمين يمكن استيفاءها.

➢ يجب وجود تعريف واضح للأنواع المتعددة من طلبات الخدمة والإجراءات المتكررة التي تصف كيفية تلبية الطلبات فى النموذج.

محتويات نموذج طلب خدمة

➢ ما هي الأنشطة المطلوبة لتلبية الطلب (اختيار من القائمة).

➢ مرفقات و بيانات توضيحية و مبررات.

➢ الموافقة المالية و الموافقات الأخرى.

➢ الأدوار والمسؤوليات المعنية.

➢ الجداول الزمنية المستهدفة ومسارات التصعيد.

➢ السياسات أو المتطلبات الأخرى المطبقة.

➢ موقف الطلب (مرفوض-مقبول-جارى- إنجاز- إنهاء).

إدارة الوصول

تعريف و أهداف

• عملية منح المستخدمين المصرح لهم الحق في استخدام خدمة مع منع الوصول للمستخدمين غير المصرح لهم.

• في الممارسة العملية تعد إدارة الوصول هي التنفيذ التشغيلي للسياسات التي تحددها إدارة أمن المعلومات.

• إدارة الحقوق و الصلاحيات و المزايا و إدارة الهوية و التنفيذ التشغيلي للسياسات التي تحددها إدارة أمن المعلومات.

مفاهيم أساسية

وصول

يشير الوصول إلى مستوى ومدى وظائف الخدمة أو البيانات التي يحق للمستخدم استخدامها.

<u>**هوية**</u>

▸ المعلومات الخاصة بالمستخدم والتي تميزه كفرد والتي تتحقق من حالته داخل المؤسسة بحكم التعريف.

<u>**حقوق**</u>

▸ تسمى أيضًا الامتيازات وتشير إلى الإعدادات الفعلية التي يتم من خلالها منح المستخدم إمكانية الوصول إلى خدمة أو مجموعة من الخدمات.

▸ تتضمن الحقوق مستويات وصول محددة للعملاء مثل التغيير والحذف.

<u>**مجموعة الخدمة**</u>

منح مجموعة المستخدمين الوصول إلى خدمة أو مجموعة مماثلة من الخدمات.

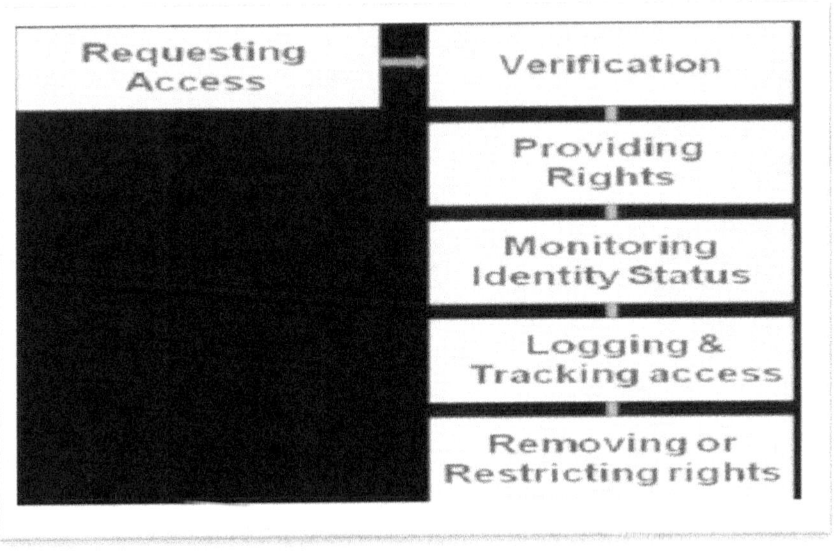

الشكل رقم (73) يبين تسلسل عملية إدارة الوصول
ITIL V3 Foundation-The Art of Service Pty Ltd

الفصل السادس: التحسين المستمر للخدمة

<u>تعريف</u>

- مرحلة التحسين المستمر للخدمة CSI تعنى ضمان التحسينات المستمرة للعمليات والخدمات و ما يقع ضمن نطاق عمل إدارة خدمات تكنولوجيا المعلومات.
- التحسين المستمر للخدمة هو المرحلة التي تربط جميع العناصر الأخرى لدورة حياة الخدمة معًا وتضمن توفير الخدمات والإمكانيات اللازمة لتقديمها بشكل مستمريتحسن وينمو وينضج نحو القيمة.

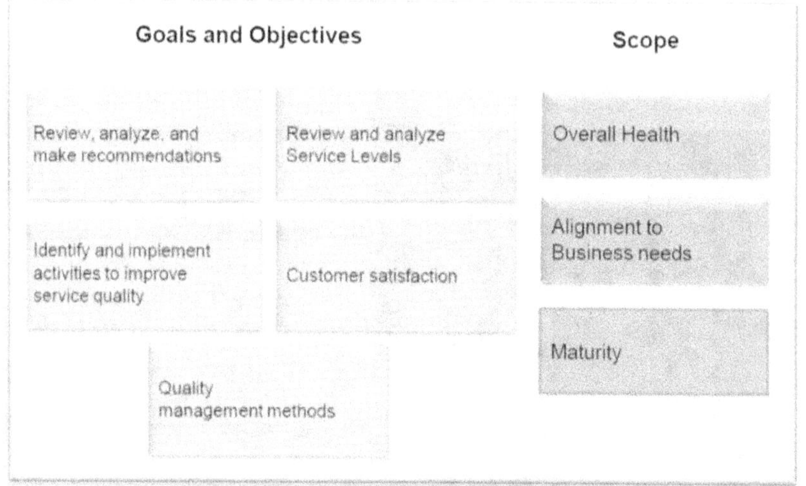

الشكل رقم (74) يبين أهداف مرحلة التحسين المستمر.
EMC Professional Services-Mary Lou

<u>أهداف</u>

- مراجعة وتحليل وتقديم توصيات بشأن فرص التحسين في كل مرحلة من مراحل دورة الحياة.
- مراجعة وتحليل نتائج تحقيق مستوى الخدمة.
- تحديد وتنفيذ الأنشطة الفردية لتحسين جودة خدمات تكنولوجيا المعلومات وتحسين كفاءة وفعالية تمكين عمليات نظام إدارة خدمات تكنولوجيا المعلومات.
- تحسين فعالية تكلفة تقديم الخدمات دون التضحية برضا العملاء.
- التأكد من أن أساليب إدارة الجودة المعمول بها تستخدم لدعم أنشطة التحسين المستمر.

<u>**أنشطة دعم خطة التحسين المستمر**</u>

- مراجعة المعلومات والاتجاهات الإدارية للتأكد من أن الخدمات تلبي مستويات الخدمة المتفق عليها
- مراجعة المعلومات والاتجاهات الإدارية للتأكد من أن مخرجات عمليات ITSM تحقق النتائج المرجوة.
- إجراء تقييمات النضج بشكل دوري على أنشطة العمليات والأدوار المرتبطة بها لإظهار مجالات التحسين.
- إجراء عمليات تدقيق داخلية بشكل دوري للتحقق من الإمتثال للمعايير.
- مراجعة نتائج التدقيق الحالية للتأكد من أهميتها وتقديم توصيات للموافقة عليها.
- إجراء استطلاعات دورية لرضا العملاء.

<u>**المبادئ والمفاهيم الأساسية للتحسين**</u>

- يجب أن تركز عمليات التحسين المستمر للخدمة على زيادة الكفاءة، وتعظيم الفعالية، وخفض تكلفة الخدمة، وإدارة خدمات تكنولوجيا المعلومات الأساسية.
- الطريقة الوحيدة لإنجاز هذه المهمة هي ضمان تحديد فرص التحسين طوال دورة حياة الخدمة.
- يعمل مزودو الخدمة في سوق تنافسية للغاية وهم بحاجة إلى تقييم خدماتهم وفقًا للتوقعات في السوق باستمرار.
- يمكن لآليات التسليم الجديدة مثل الحوسبة السحابية أن تزيد من كفاءة الخدمة ويجب النظر في تنفيذها.
- يجب مقارنة الخدمة المقدمة بالعروض الحالية في السوق لضمان أن الخدمة تضيف قيمة تجارية فعلية للعملاء حتى يظل مزود الخدمة قادرًا على المنافسة.
- يجب مراجعة الخدمات بانتظام لمواكبة أحدث التطورات التكنولوجية لضمان أن الخدمات التي يقدمونها هي الأكثر كفاءة.

<u>**خطوات التحسين السبع و نموذج PDCA**</u>

<u>**تخطيط PLAN**</u>

تتضمن الخطوة الأولى من العملية التخطيط للتحسينات.

يتم إجراء تحليل للفجوة ووضع خطة للتغلب على الفجوة من خلال سلسلة من خطوات التحسين.

<u>**تنفيذ DO**</u>

تشير المرحلة الثانية إلى بدء تنفيذ التحسينات.

105

يتم البدء في مشروع لسد الفجوات التي تم تحديدها في المرحلة السابقة.
تتضمن هذه المرحلة سلسلة من التغييرات لتحسين العملية.

تحقق CHECK

يمكن تعريف هذه المرحلة بشكل أكثر دقة على أنها المراقبة والقياس والمراجعة.
ترتبط النتيجة النهائية للتحسينات المنفذة
بتدابير النجاح التي تم تحديدها والموافقة عليها في مرحلة التخطيط.

تحسين ACT

الخطوة 7 ـ تنفيذ الإجراءات التصحيحية.

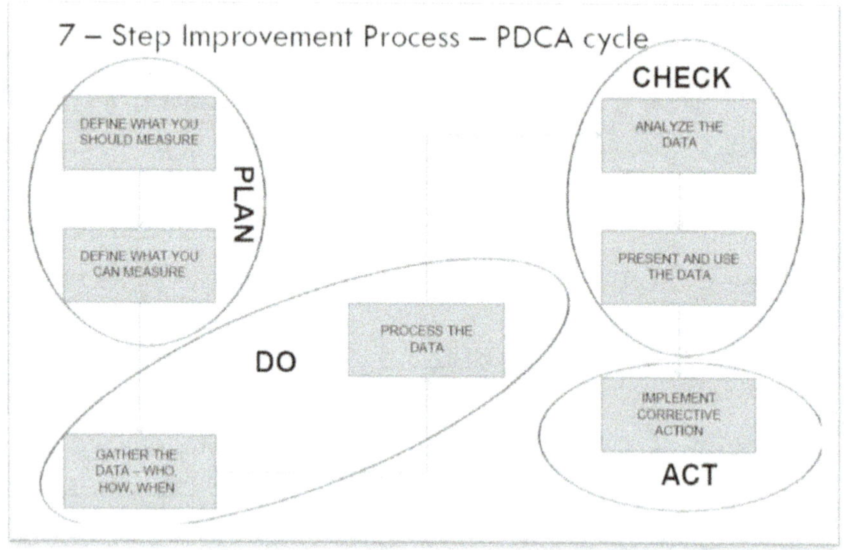

الشكل رقم (74) يبين عملية التحسين و نموذج PDCA
TSO@Blackwell and other Accredited Agents

تفاصيل مراحل عملية التحسين السبع

تشكل الخطوات السبع المذكورة ما يُعرف باسم دوامة المعرفة.
تتحول المعرفة المجمعة من مستوى واحد إلى مدخلات للمستوى الآخر وتنتقل من الإدارة التشغيلية إلى الإدارة التكتيكية وأخيرًا الإدارة الاستراتيجية.
يمكن استخدام الملاحظات من أي مرحلة من مراحل دورة حياة الخدمة لتحديد فرص التحسين لأي مرحلة أخرى من دورة الحياة.

الخطوة 1: تحديد النهج المتبع في التحسين

- قبل تنفيذ استراتيجية التحسين يجب فهم ضرورة التحسين المستمر.

- تؤخذ فى الاعتبار الأهداف النهائية المحددة للشركة و كيف يمكن لتكنولوجيا المعلومات تحقيق هذه الأهداف من خلال التحسينات المستمرة.
- أثناء تحقيق ذلك يوضع في الإعتبار الخطط المستقبلية والحالية.

الخطوة 2: تحديد ما يجب قياسه

- يتم إجراء مقارنة بين ما يمكن قياسه بشكل مثالي وما يمكن قياسه بالفعل.
- يجب تحديد الفجوات ودمج خطة قياس واقعية لدعم استراتيجية التحسين.

الخطوة 3: جمع البيانات الأساسية

- يتم جمع البيانات من خلال المراقبة المستمرة.
- يمكن إجراء عملية المراقبة إما يدويًا أو يمكن الاستفادة من التكنولوجيا على أكمل وجه لأتمتة العملية بأكملها وتبسيطها.

الخطوة 4: معالجة البيانات

- بمجرد جمع البيانات من خلال المراقبة المستمرة، يتم تحويلها بعد ذلك إلى الشكل المطلوب من قبل الجمهور.
- يمكن اعتبار هذا بمثابة تحويل للمقاييس إلى نتائج مؤشرات الأداء الرئيسية (KPI) وتغيير البيانات المتاحة إلى معلومات.

الخطوة 5: تحليل المعلومات والبيانات

- يتم الجمع بين المصادر المتعددة للبيانات لتحويل المعلومات إلى معرفة.
- يتم تحليل البيانات بشكل أكبر للعثور على الفجوات وتأثيرها على الأعمال التجارية بشكل عام.
- يتم تقييم المعلومات بشكل أكبر مع مراعاة جميع العوامل الداخلية والخارجية.
- يساعد ذلك في الإجابة على الأسئلة المتعلقة بما هو جيد أو سيئ وما إذا كان متوقعًا ومتماشيًا مع الأهداف.

الخطوة 6: العرض والاستخدام المناسبين للمعلومات

يجب تقديم المعلومات التي يتم جمعها وتحليلها بطريقة مناسبة مع القدر المناسب من التفاصيل بحيث تكون المعلومات مفهومة وتوفر القدر المطلوب من التفاصيل لدعم اتخاذ القرارات المستنيرة.

<u>الخطوة 7: تنفيذ التحسينات</u>

- يضع التغيير الذي يتم تنفيذه مع التحسين المستمّر خط أساس جديد للعملية بأكملها.
- يجب دمج المعرفة المكتسبة مع الخبرة السابقة واستخدامها لاتخاذ قرارات مستنيرة والتحسينات اللازمة.
- يجب أن تركز التحسينات التي يتم إجراؤها على تحسين وتصحيح الخدمات والعمليات والأدوات.

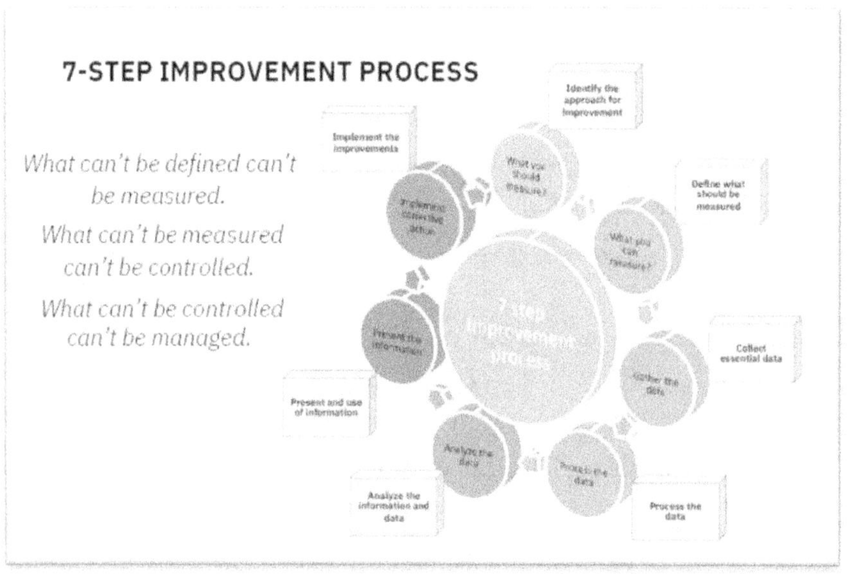

الشكل رقم (75) يبين عملية خطوات التحسين السبع.
PV203 IT Services Management-Ing.Vladimír Vágner.

عوامل وضع خطط تحسين الخدمة

يتم استخدام خطط تحسين الخدمة لضمان تحديد إجراءات التحسين وتنفيذها على أساس منتظم و في الحالات التالية:
- خروقات اتفاقيات مستوى الخدمة.
- ظهور مشكلات تدريب المستخدمين وإجراءات التوثيق و حفظ المستندات.
- ضعف اختبار النظام.
- تحديد مناطق الضعف داخل مجموعات الدعم الداخلية والخارجية.

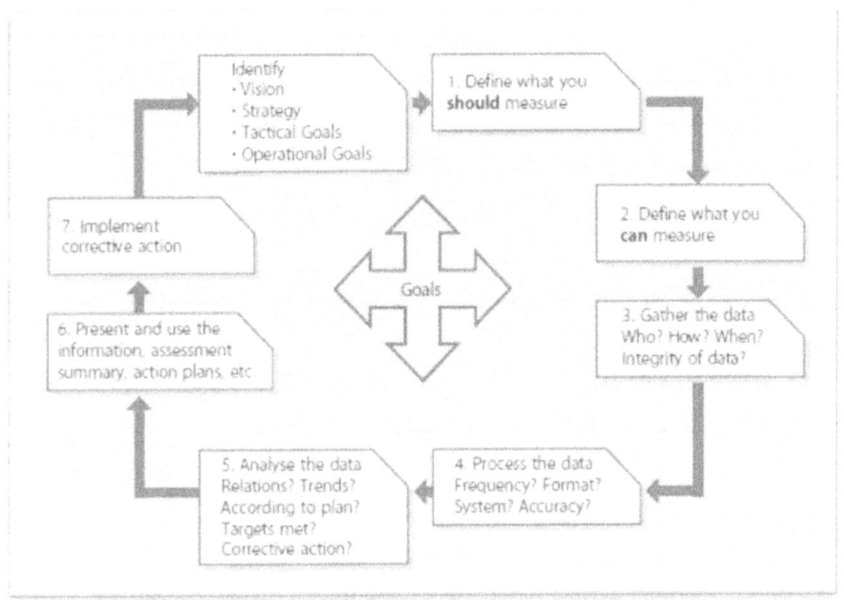

الشكل رقم (76) يبين الخطوات السبعة وفقا لنموذج PDCA

ITIL® V3 FOUNDATION CERTIFICATION E-LEARNING COURSE.

<u>إستعدادات عملية التحسين</u>

تبني الرؤية من خلال فهم أهداف العمل رفيعة المستوى ويجب أن تعمل الرؤية على مواءمة استراتيجيات المؤسسة واستراتيجية تكنولوجيا المعلومات.

تقييم الوضع الحالي للحصول على لمحة دقيقة وغير متحيزة عن مكانة المؤسسة الآن وهذا التقييم الأساسي هو تحليل للوضع الحالي من حيث الأعمال والتنظيم والأفراد والعمليات والتكنولوجيا.

الفهم والاتفاق على أولويات التحسين بناءً على تطوير أعمق للمبادئ المحددة في الرؤية و قد تكون الرؤية الكاملة على بعد سنوات ولكن هذه الخطوة توفر أهدافًا محددة وإطار زمني يمكن التحكم فيه.

وضع تفاصيل خطة CSI لتحقيق توفير خدمة عالية الجودة من خلال تنفيذ عمليات إدارة خدمات تكنولوجيا المعلومات.

التحقق من وجود القياسات والمقاييس لضمان تحقيق المعالم الرئيسية وأن إمتثال العمليات مرتفع، وأن أهداف وأولويات العمل تحققت فى ارتفاع مستوى الخدمة.

يجب أن تضمن العملية الحفاظ على الحماس لتحسين الجودة من خلال التأكد من أن التغييرات أصبحت جزءًا لا يتجزأ من المنظمة.

109

<u>جهود التحسين المستمر</u>

- تقوم تكنولوجيا المعلومات بما هو أكثر من مجرد دعم العمليات التجارية الحالية بل هي جزء لا يتجزأ من برنامج تغيير الأعمال.
- هناك تركيز إضافي على جودة تكنولوجيا المعلومات من حيث الموثوقية والتوافر والاستقرار والقدرة والأمان، وخاصة مواجهة المخاطر.

تكنولوجيا المعلومات وحوكمة تكنولوجيا المعلومات هي جزء لا يتجزأ من حوكمة الشركات.

- أصبح أداء تكنولوجيا المعلومات أكثر وضوحًا حيث أصبح الانقطاع الفني وعدم رضا العملاء من المشكلات التي تواجه مجالس الإدارة بشكل متزايد.
- تجد مؤسسات تكنولوجيا المعلومات نفسها بشكل متزايد في وضع يتعين عليها فيه إدراك وتحقيق القيمة وإدارة الأعمال المتمكنة تكنولوجيا و إدارة الخدمات التي توفر القدرة والجودة التي تتطلبها الأعمال.
- يجب أن تثبت تكنولوجيا المعلومات القيمة مقابل المال.
- تكنولوجيا المعلومات في الأعمال التجارية الإلكترونية تدعم العمليات التجارية الأساسية وهي جوهر تلك العمليات.

محركات التكنولوجيا تقود التحسين

- إدارة تكنولوجيا المعلومات توفر الحلول السريعة للتطورات التكنولوجية التي أصبحت عنصرًا أساسيًا في كل مجال من مجالات العمليات التجارية.
- يجب على إدارة خدمات تكنولوجيا المعلومات فهم العمليات التجارية وتقديم المشورة بشأن الفرص والقيود والسيطرة على التكاليف المتصاعدة.
- يجب أن تكون الإدارة مصممة للسماح بتقدير احتياجات العمل واستيعاب التغيير التكنولوجي.
- يجب الحفاظ على جودة الخدمات الحالية و تحسينها أثناء إضافة مكونات التكنولوجيا الجديدة.

محركات البيزنس تقود التحسين

- أصبحت الشركات تدرك بشكل متزايد أهمية تكنولوجيا المعلومات كمزود خدمة ليس فقط لدعم العمليات التجارية ولكن أيضًا لتمكينها.
- قادة الأعمال يهمهم كل ما يتعلق بجودة خدمات تكنولوجيا المعلومات وكفاءة وقدرة مقدمي الخدمة.
- المستوى الأعلى من التدقيق يدعم الحاجة إلى تحسين الخدمة المستمر.

110

مؤشرات التحسين الإقتصادية
التحسينات

هى النتائج التي عند مقارنتها بحالة " ما قبل" تظهر زيادة في مقياس مرغوب فيه أو انخفاض في مقياس غير مرغوب فيه.

الفوائد

لمكاسب التي يتم تحقيقها من خلال تحقيق التحسينات، والتي يتم التعبير عنها عادةً ولكن ليس دائمًا من الناحية النقدية.

العائد على الاستثمار(ROI)

الفرق بين المنفعة المحققة والمبلغ المنفق لتحقيق تلك المنفعة معبرا عنه بالنسبة المئوية ومن المنطقي أن يرغب المرء في إنفاق القليل لتوفير الكثير.

قياس العائد على الاستثمار وتوفير التكاليف

- هدف أدوات إدارة خدمات تكنولوجيا المعلومات تحقيق عائد مالي على الاستثمار من خلال توفير التكاليف المباشرة.
- تخطط المنظمة لتحقيق العائد على الاستثمار من خلال التوسع لدعم المزيد من العملاء أو من خلال تحسين كفاءة العمليات وبالتالي الربحية.
- لتحديد العائد على الاستثمار بدقة، يجب معرفة التكاليف الحالية.

مصادر العائد على الاستثمار

- زيادة مؤشرات الكفاءة من تحسين أو أتمتة العمليات اليدوية.
- تقليل عبء العمل من خلال تنفيذ خيارات الخدمة الذاتية للمستخدم.
- تحسينات الحوكمة من خلال التذكير بتجنب الدفع الزائد أو الاحتفاظ بالعقود غير الضرورية.
- التحسين المستمرو تقليل متوسط الوقت المستغرق لحل الحوادث.

قيمة الإستثمار(VOI).

القيمة الإضافية الناتجة عن تحقيق فوائد تشمل نتائج غير نقدية أو طويلة الأجل (عائد الاستثمار هو مكون فرعي من قيمة الإستثمار).

المراقبة وجمع البيانات طوال دورة حياة الخدمة
استراتيجية الخدمة

مراقبة التقدم المحرز في الاستراتيجيات والمعايير والسياسات والقرارات البنائية الهيكلية التي تم اتخاذها وتنفيذها.

<u>تصميم الخدمة</u>

- يتم مراقبة وجمع البيانات المرتبطة بإنشاء وتعديل جهود بتصميم الخدمات وعمليات إدارة الخدمة.
- يتم قياس الفعالية والقدرة وعوامل النجاح الحاسمة ومؤشرات الأداء الرئيسية التي تم تحديدها من خلال جميع متطلبات العمل
- يشمل القياس مراقبة الجداول الزمنية للمشروع والتقدم المحرز في معالم المشروع ونتائج المشروع مقارنة بالأهداف والغايات.

<u>إنتقال الخدمة</u>

- يتم مراقبة وجمع البيانات حول دخول الإصدار الفعلي إلى عمليات الإنتاج.
- يجب أن يتم التأكد من أن الخدمات وعمليات إدارة الخدمة متوافقة و مدرجة بطريقة يمكن إدارتها وصيانتها وفقًا للاستراتيجيات وجهود التصميم.
- يتم تطوير إجراءات ومعايير المراقبة التي سيتم استخدامها أثناء التنفيذ.

<u>تشغيل الخدمة</u>

- تتم المراقبة الفعلية للخدمات في بيئة الإنتاج الفعلى.
- يتم معالجة ما يمكن قياسه وتحليله في مجموعات منطقية بالمعالجة الفعلية للبيانات بتنسيق يوفر منظورًا شاملاً لإنجازات الخدمة.

قياس مؤشرات أداء العمليات الرئيسية

- يعتمد نهج كل منظمة في تنفيذ إدارة الأداء على توافق تكنولوجيا المعلومات مع أهداف ومهمة المنظمة.
- يجب أن تتوافق التحسينات التي يتم تحقيقها من خلال إدارة الأداء مع تحسينات الإدارة الأخرى داخل المنظمة.
- يجب تحديد الأهداف الاستراتيجية وخطط الأداء المرتبطة بالمجموعة الوظيفية المسؤولة عن تحقيق الأهداف.
- يجب تحديد تقارير الأداء التي تؤكد التحقق من صحة العمليات وارتباطها بقرارات التحسين المستقبلية.
- تتطلب إدارة الأداء التزامًا إداريًا مستدامًا وتعاونًا على جميع المستويات داخل المنظمة.
- يجب تخصيص عدد كافٍ من المحللين المتخصصين لإدارة الأداء مع التدريب والمهارات المناسبة.
- يجب الحصول على أدوات تكنولوجيا إدارة الأداء وتنفيذها لتسجيل وتحليل وتخزين المعلومات لأغراض السجلات التاريخية.

112

<u>أنواع القياسات</u>

القياسات الاستراتيجية والتشغيلية و المشروعات و المخاطرو الموظفين.
تحتاج كل منظمة إلى قياسات التدابير الإستراتيجية والتشغيلية.
يوضح الشكل رقم (77) المقاييس الاستراتيجية والتشغيلية.
<u>المقاييس الاستراتيجية</u>

- هدف التدابير الاستراتيجية التقدم نحو تحقيق الأهداف الاستراتيجية مع التركيز على النتائج المقصودة النهائية أو الوسيطة.
- تُستخدم المقاييس الاستراتيجية عند استخدام بطاقة الأداء المتوازن لتقييم تقدم المنظمة في تحقيق أهدافها الاستراتيجية الموضحة.
- يمكن استخدام هذه الفئات من المقاييس للمساعدة في فهم مدى فعالية تنفيذ الاستراتيجية.

<u>بطاقات الأداء المتوازن الأربعة</u>

- العملاء وأصحاب المصلحة.
- المالية.
- العمليات الداخلية.
- القدرة التنظيمية.

<u>المقاييس التشغيلية</u>

- مقاييس المشروع تركز على تقدم المشروع وفعاليته.
- مقاييس المخاطر تركز على عوامل الخطر التي يمكن أن تهدد النجاح.
- مقاييس الموظفين تركز على السلوك البشري أو المهارات أو الأداء اللازم لتنفيذ الاستراتيجية.

<u>تصنيف مؤشرات الأداء الرئيسية</u>

- تركز مقاييس العملية أو النشاط على كيفية استخدام كفاءة أو جودة أو اتساق عمليات معينة لإنتاج مخرجات محددة.
- تقيس المدخلات سمات الكمية والنوع والجودة للموارد المستهلكة في العمليات التي تنتج المخرجات.
- يمكن قياس أداء أدوات الضوابط والمعدات المستخدمة فى العمليات أو التدريب على العملية.
- قياس المخرجات هي مقاييس النتائج التي تشير إلى حجم العمل المنجز وتحدد ما يتم إنتاجه.

113

- نتائج الإنجازات و التأثيرات يتم تصنيفها على أنها نتائج وسيطة مثل الوعي بالعلاقة التجارية للعميل (نتيجة مباشرة لمخرجات التسويق أو الاتصالات) أو نتائج النهائية مثل الاحتفاظ بالعملاء أو المبيعات (التي يقودها زيادة الوعي بالعلامة التجارية).

- مقاييس المشروع تهتم بحالة التسليمات وتقدم الأعمال المتعلقة بالمشاريع و العمليات المهمة.

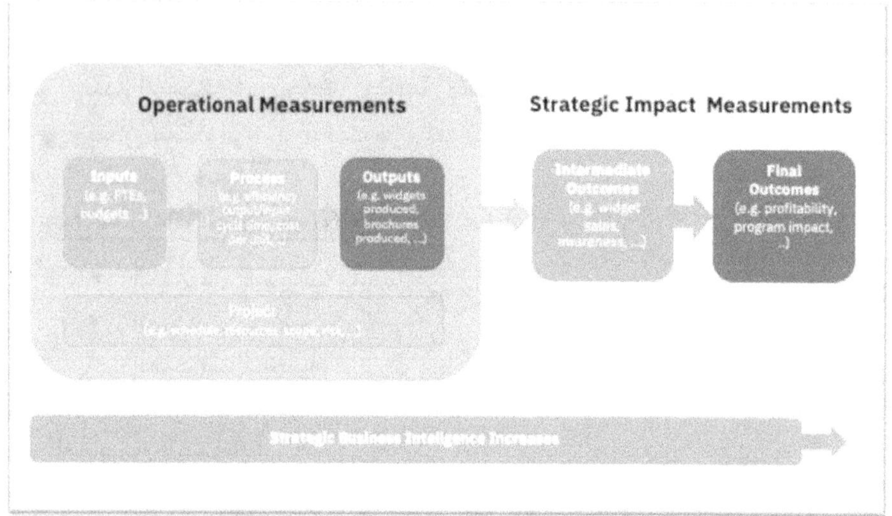

الشكل رقم (77) يبين القياسات التشغيلية و الإستراتيجية.
PV203 IT Services Management-Ing.Vladimír Vágner.

مؤشرات الأداء الرئيسية (KPIs)

هي المؤشرات الحاسمة الرئيسية للتقدم نحو تحقيق الأهداف المرجوة. هدفها التركيز على التحسين الاستراتيجي والتشغيلي وإنشاء أساس تحليلي لاتخاذ القرار والمساعدة في تركيز الاهتمام على الأمور الأكثر أهمية.

هدف مؤشرات الأداء الرئيسية الجيدة

- تقديم دليل موضوعي على التقدم نحو تحقيق النتيجة المرجوة.

- قياس ما يؤدى للمساعدة في اتخاذ قرارات أفضل.

- تقديم مقارنة درجة تغير الأداء مع مرور الوقت.

- تتبع الكفاءة والفعالية والجودة والحوكمة،الامتثال،السلوكيات، الاقتصاد، أداء المشروع، أداء الموظفين و استغلال الموارد.

مقاييس أداء التكنولوجيا

- يتم جمع البيانات الناتجة عن التقنيات والأنظمة والبنية التحتية لتكنولوجيا المعلومات ومعالجتها وتحليلها لتحديد أداء التكنولوجيا.
- يمكن استخدام هذه المعلومات للحفاظ على كفاءة أنظمة التكنولوجيا بتكاليف أقل.
- يتم قياس أداء التطبيقات وقابلية صيانة المكونات و عتبات البنية التحتية ونسبة التنبيهات و الزيارات على صفحات الويب ومراقبة حقوق الوصول وتنبيهات محاولات الإختراق..الخ.

مقاييس أداء الأعمال

- تحتوي على بيانات حول تأثير الخيارات الإستراتيجية على أداء الأعمال.
- يجب تحديد وتحليل المقاييس التي ترتبط ارتباطًا وثيقًا بأداء الأعمال مثل الكفاءة والامتثال من أجل تحقيق أفضل نتائج.
- مؤشرات الأداء الرئيسية ومقاييس عمليات إدارة الخدمة تحدد السلامة العامة للعمليات.
- مهمة المقاييس تحديد فرص التحسين لكل عملية.

مؤشرات الأداء غير الفنية

- نسبة تحقيق الخطط الاستراتيجية والخطط التنظيمية الشاملة.
- نسبة تحقيق خطط و مشروعات تكنولوجيا المعلومات.
- مراقبة اتفاقيات مستوى الخدمة (SLA) ومقاييس مستوى التشغيل.
- مقاييس مكتب الخدمات.
- نسبة تحقيق خطط التحسينات.
- قياسات رضا العملاء.

تعريف برامج إدارة الخدمة

- أدوات إدارة خدمات تكنولوجيا المعلومات هي برامج أو مجموعة من تطبيقات متعددة لأداء وظائف مختلفة تستخدم لتقديم و إدارة الخدمات.
- تساعد هذه الأدوات في أتمتة سير العمل بطرق تعزز الكفاءة.
- تستخدم هذه الأدوات مكاتب ووظائف تقديم الخدمات لدعم المهام وسير العمل وإدارة الإستهلاك والبنية الأساسية.
- اعتمادًا على حجم ومهام المنظمة يمكن لهذه الأدوات القوية القيام بعشرات الأنشطة بسهولة وأن تحل محل الوظائف اليدوية.

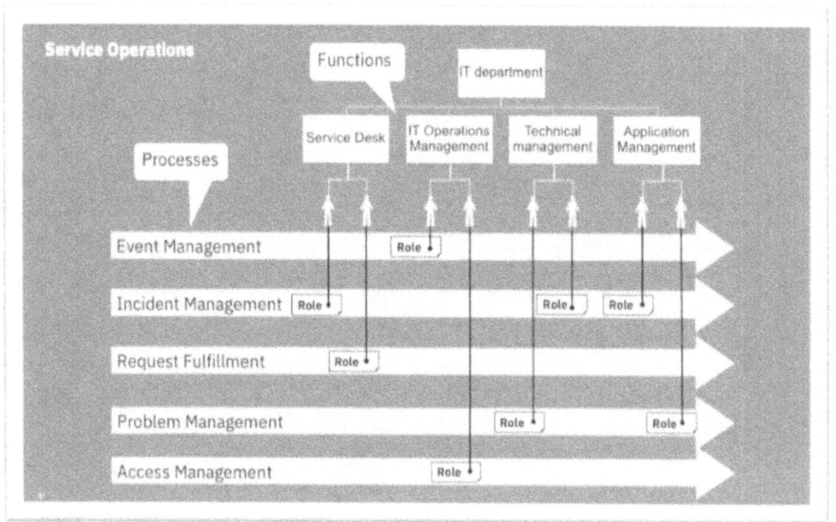

الشكل رقم (78) يبين نموذج توزيع إدوار برنامج عمليات الخدمة.
PV203 IT Services Management-Ing.Vladimír Vágner.

سمات برامج إدارة الخدمة

- استخدام نماذج خدمة جاهزة لأفضل الممارسات لتوجيه العمليات.
- تطبيق إصدار التذاكروتتبع الحلول وتوزيع العمل بناءً على التخصصات أو الخبرة الفنية ومراقبة الاتجاهات في نطاق العمل.
- تطبيق إدارة المشكلات والحوادث والبحث عن حلول لتقليل وقت التوقف ومنع الحوادث قبل حدوثها.
- تطبيق إدارة الأصول وتتبع وإدارة الأجهزة طوال دورة حياتها.

- تطبيق إدارة التراخيص وعرض متطلباتها وإدارة التحديثات والحصول على معلومات حول التغييرات أو التجديدات القادمة.
- تطبيق تتبع تكلفة الخدمة وتقديم تقارير الإدارة.

برامج توفر بنية عمل متماسكة

- تتيح أدوات برامج إدارة خدمات تكنولوجيا المعلومات المنفذة جيدًا فرض تماسك الأنظمة والعمليات فى المنظمات الكبرى حيث تكون خدمات تكنولوجيا المعلومات مزدحمة و البنية والاتساق هما كل شيء.
- يمكن للمنظمة ضمان أن أنظمة وخدمات تكنولوجيا المعلومات متسقة ومتماشية مع احتياجاتها.
- يثق العملاء سواء الداخليون أو الخارجيون فى مستوى الخدمة التي سيتلقونها و قيمة الإستقرار و الإستمرارية و الأمن.
- البنية المتماسكة المتكاملة تقلل أزمنة التوقف لإجراءات الصيانة الدورية أو الوقائية لتوفر الأنظمة البديلة الإحتياطية.

برامج إدارة السجلات والأدلة

- يجب أن تكون برامج الخدمة فعّالة وقادرة على تحديد أخطائها والتعلم منها.
- يتحقق ذلك بتوفر برامج السجلات و الأرشفة التاريخية وتطبيقات واضحة لمديرى عمليات الخدمات و العملاء لتوفر القدرة على التقصى و إثبات الأداء و تقديم الأدلة الفعلية فى حالات تتبع الحوادث و المشاكل.

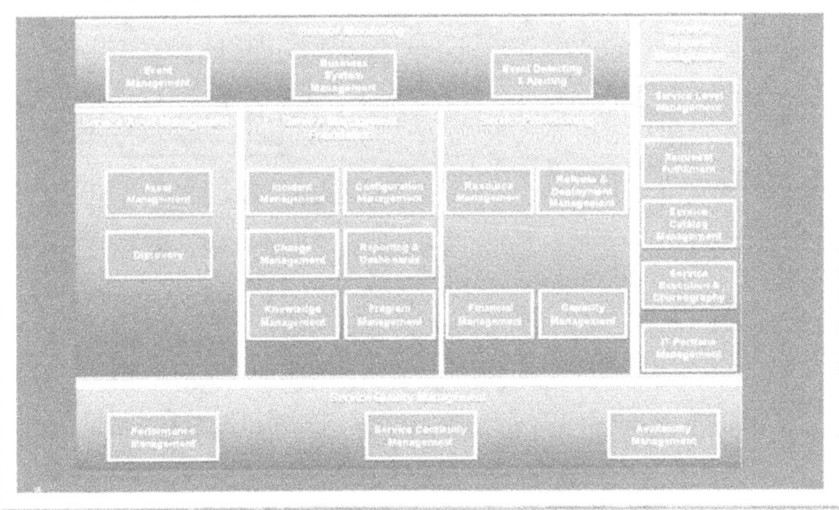

الشكل رقم (79) يبين مثال لإطار عمل برنامج إدارة الخدمات.
PV203 IT Services Management-Ing.Vladimír Vágner.

117

برامج مراقبة الأداء و مستوى الخدمة

من أهم أدوات إدارة خدمات تكنولوجيا المعلومات التي تسهل تحديد مجالات التحسين حيث يمكن استخدام مثل هذه الأداة لضمان الالتزام باتفاقيات مستوى الخدمة باستمرار وتنفيذ أنظمة وضوابط جديدة عند اللزوم.

التحسين المستمر للخدمة مكون رئيسي في تطبيقات ITIL لسنوات عديدة من خلال تتبع جميع أنشطة تكنولوجيا المعلومات وتوفير التقارير التي يمكن الوصول إليها بسهولة.

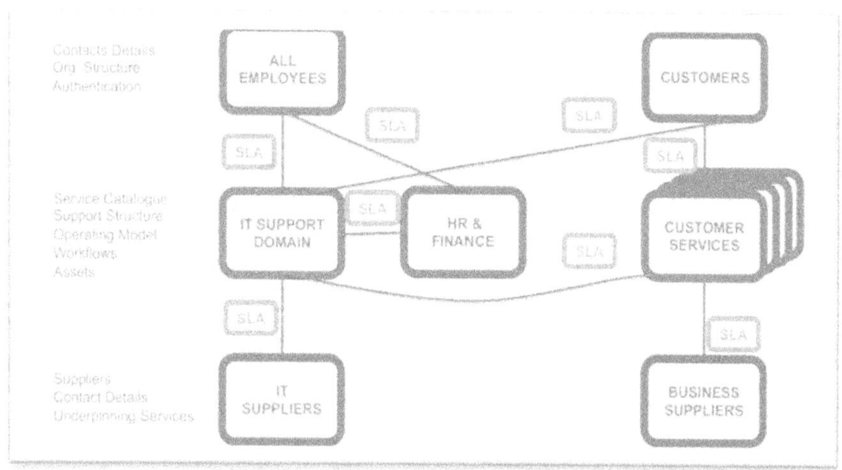

الشكل رقم (80) يبين مثال لبرنامج 4me لمراقبة الأداء و مستوى الخدمة.
PV203 IT Services Management-Ing.Vladimír Vágner.

برامج أعمال مكتب الخدمة
امثلة لمهام مكتب الخدمة

- إعداد حساب مستخدم جديد.
- إعداد حساب بريد إلكتروني جديد.
- طلب وتسليم هاتف محمول.
- طلب وتسليم كمبيوتر محمول.
- مطالبة المستخدم بإكمال التدريب الإلزامي.
- إنشاء وتحديث وإغلاق التذاكر.
- تسجيل نشاط مستخدم تكنولوجيا المعلومات.
- توثيق العمليات.
- إرسال إشعارات ورسائل بريد إلكتروني.

<u>**عمليات برنامج مكتب الخدمة**</u>

- يركز البرنامج على المعالجة الآلية (المستوى 0) لأكبر عدد ممكن من الطلبات.

- إذا لم يكن ذلك ممكنًا فسوف يجيب ممثلو مكتب خدمة العملاء المهرة (المستوى الأول) على الاستفسار الوارد إما عبر الدردشة / الهاتف / البريد الإلكتروني أو طلب الخدمة الذاتية (الويب).

- يتم نقل الطلبات التي تتطلب مشاركة مجموعات أخرى للحل بتذكرة أخرى.

- الهدف الأساسي هو تقليل الحاجة إلى مشاركة مجموعات أخرى وحل الاستفسارات من خلال المعالجة الآلية (المستوى 0) أو على المستوى الأول (مكتب الخدمة).

- أثناء حديث ممثل خدمة العملاء إلى العميل يقوم بتوثيق تفاصيل المكالمة في نظام التذاكر.

- تحتوي كل تذكرة على بعض تفاصيل العميل الأساسية ومعلومات الجهاز وتصنيف المشكلة/الطلب والوصف و الخطوات المتخذة لحل الاستفسار.

<u>**قواعد بيانات مكتب الخدمة**</u>

- يتم إنشاء قاعدة معرفة مخصصة لكل عميل ويمكن أن تكون قائمة على الويب أو قائمة على قاعدة بيانات.

- الغرض منها المساعدة في حل استفسار العميل أو توفير العملية المناسبة لتحقيق الحل (أي البيانات المحددة الضرورية لبحث المزيد من الدعم).

<u>**ممثلو خدمة العملاء (CSR)**</u>

- يتم تقسيمهم عادةً إلى فرق كل فريق مكون من عدد من الأفراد يقوم كل فرد بأداء معظم مهامه بمفرده.

- يتم قياس أداء كل ممثل خدمة عملاء وفقا لأهداف متعددة تشمل الالتزام بالمواعيد وحل المكالمة الأولى واستخدام مدة المكالمة ووقت الانتظار وجودة المكالمة وجودة التذكرة ورضا العملاء و كمية البيانات.

- نظرًا لطبيعة العمل تتوفر البيانات بشكل منتظم للغاية لتتبع الأداء مقابل الأهداف.

119

مقاييس أداء خدمة العملاء

مقاييس الوقّت

- معدل الإهمال: معدل الإهمال =< 6% نسبة المكالمات التي تم قطعها من إجمالي المكالمات الواردة.
- متوسط سرعة الرد (ASA): ASA => 20 ثانية.
- متوسط الوقت (عادة ما يتم التعبير عنه بالثواني) الذي يستغرقه مكتب الخدمة للرد على مكالمة واردة.
- سرعة الرد 80% =< (STA): STA في 20 ثانية.
- نسبة المكالمات الواردة التي تم الرد عليها في إطار زمني معين (عادة ما يتم التعبير عنه بالثواني).
- وقت الاستجابة للبريد الإلكتروني/الويب: استجابة البريد الإلكتروني =< 80%.
- في ساعتين أو متوسط استجابة البريد الإلكتروني =< 2 ساعة.
- الوقت المستغرق للرد على طلب بريد إلكتروني من العميل (يمكن أن يكون استجابة أو إنشاء تذكرة).

مقاييس الجودة

- الإصلاح من المرة الأولىFTF
- فعالية مكتب الخدمة SDE
- الحل من المكالمة الأولىFCR مثال 70% => FCR: FCR
- نسبة الطلبات التي تم حلها بواسطة مكتب الخدمة دون الحاجة إلى تصعيد فني.
- رضا العملاء CSAT: CSAT 80%< CSAT
- يتم استطلاع آراء العملاء لقياس مدى رضاهم عن الخدمة المقدمة.
- يتم ذلك في الغالب بطريقة آلية من خلال أداة البرنامج أو من خلال مكالمات هاتفية مع العملاء.

حزمة أدوات برنامج خدمة العملاء

يستخدم برنامج إدارة خدمة العملاء نظامًا من الأدوات لإدارة الخدمة بفعالية. عادةً يتم تقسيم هذه الأدوات كما فى الشكل رقم (81) إلى الفئات التالية:

- إدارة موظفي خدمة العملاء.
- إدارة اتصالات الهاتف.
- التعامل مع المكالمات.
- إعداد التقارير.

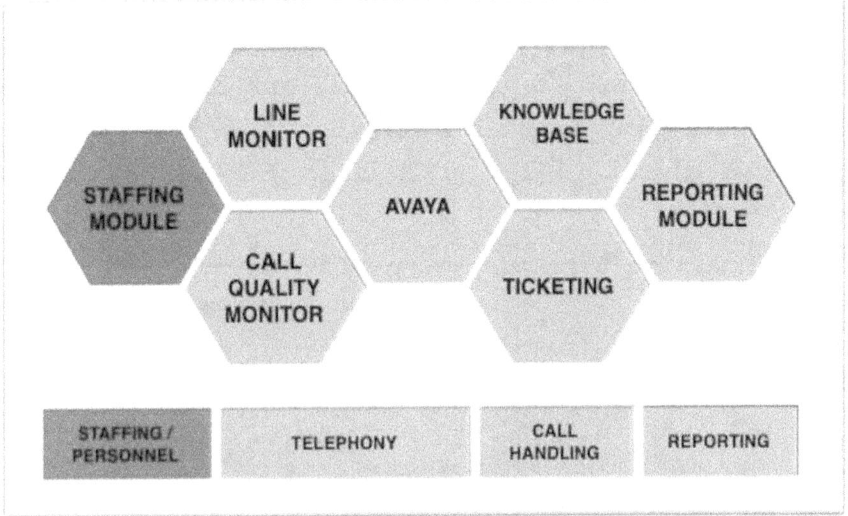

الشكل رقم (81) يبين مجموعة أدوات خدمة العملاء وحدة الموظفين.
PV203 IT Services Management-Ing.Vladimír Vágner.

وحدة موظفى خدمة العملاء

- تعتمد وحدة إدارة موظفى الخدمة في هذه الحزمة على البيانات التاريخية التي يمكن استخدامها للتنبؤ بعدد المكالمات المتوقعة.
- يستخدم ذلك لحساب العدد المرتبط من الأشخاص المطلوب للتعامل مع هذه المكالمات.
- من الأهمية لنجاح عملية إدارة خدمة العملاء أن يتوفر العدد الصحيح من الموظفين على الخط طوال اليوم.
- هذه الوحدة أداة مدمجة في نظام الهاتف وتستخرج البيانات في الوقت الفعلي. تستخدم بعض العمليات أدوات أكثر بساطة تعتمد على جداول البيانات.
- هذ الوحدة مسؤولة عن إدارة شئون الموظفين مثل الجدولة وإدارة الإجازات وإدارة فترات الراحة وجدولة التدريب.

وحدة الهاتف

- وحدة الهاتف هي جوهر عملية إدارة خدمة العملاء وبدونها لن يكون هناك مكتب خدمة.
- تعتمد أنظمة مراكز الاتصال على أداة لمراقبة نشاط المكالمات في الوقت الفعلي (عدد المكالمات في قائمة الانتظار، والأداء الفعلي مقابل الأهداف وما إلى ذلك).

- تسمح هذه الأنظمه للإدارة بمراقبة نشاط الموظفين (عدد الأشخاص الذين يتلقون المكالمات وعدد الأشخاص المتاحين لتلقي المكالمات وما إلى ذلك).
- هذه الأدوات قوية جدًا و يتم الاستفادة منها لضمان تحقيق جميع الأهداف.
- نظرًا لأن الخدمة تركز على العملاء فإن جودة كل مكالمة لها أهمية قصوى للإدارة.
- يسمح النظام بتسجيل عينة من المكالمات التي يتلقاها المركزو يتم بعد ذلك تقييمها وفقًا لمجموعة من المعايير.

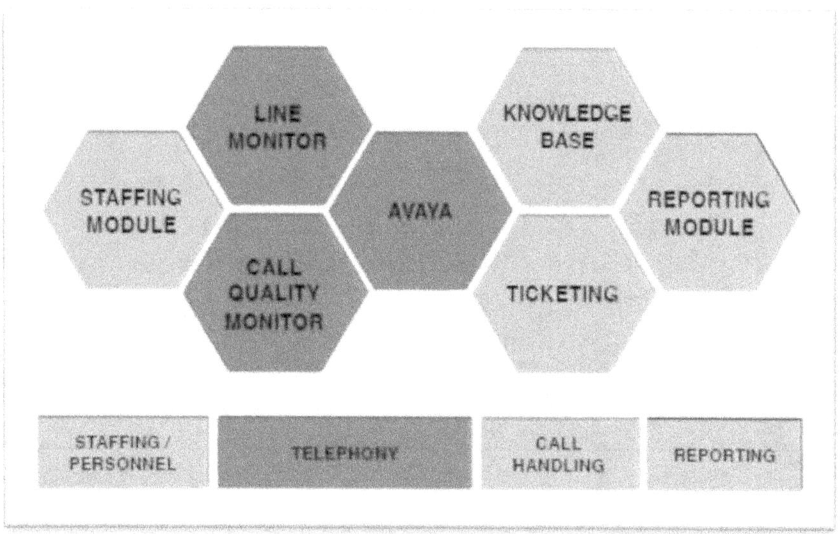

الشكل رقم (82) يبين مجموعة أدوات خدمة العملاء وحدة إدارة اتصالات الهاتف.
PV203 IT Services Management-Ing.Vladimír Vágner.

<u>وحدة إدارة المكالمات</u>

- بمجرد أن يتلقى ممثل خدمة العملاء مكالمة يقوم بتوثيق جميع التفاصيل و التفاعلات العملاء في نظام التذاكر.
- يتم جمع المعلومات الأساسية بعناية حول مشكلة العميل لأنها ضرورية لحل المشكلة بسرعة.
- إذا لم يتمكن ممثل خدمة العملاء من الحل يتم تمرير المعلومات إلكترونيًا (من خلال نظام التذاكر) إلى مجموعة عمل أخرى.
- جميع مطلوبة لعمل المجموعة لذا يجب توثيقها بوضوح في التذكرة.
- تستخدم قاعدة البيانات و المعلومات المعرفية لمساعدة ممثل خدمة العملاء في حل المشكلة.

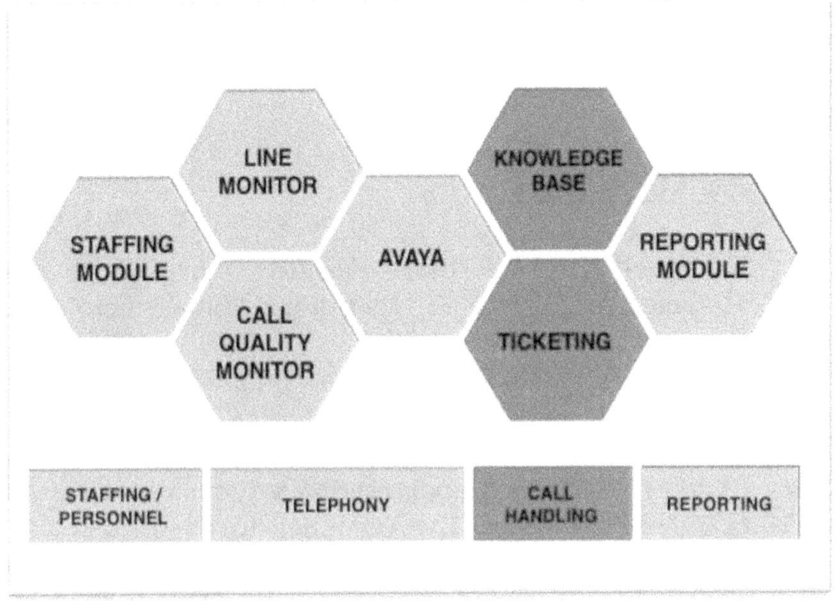

الشكل رقم (83) يبين مجموعة أدوات خدمة العملاء وحدة إدارة المكالمات.
PV203 IT Services Management-Ing.Vladimír Vágner.

وحدة إعداد تقارير الأداء

- يتم قياس أداء عمليات خدمة العملاء فى مكتب الخدمة SD مقابل عدد من الأهداف الرئيسية (STA).
- يتم قياس معدل التخلي عن الحل أو التجاهل و معدل حل المكالمة الأولى وقياس رضا العملاء.
- الطبيعة الدقيقة للأهداف قد نختلف من حساب إلى آخرو لكن متطلب إنتاج تقارير الأداء على فترات منتظمة لا يختلف.
- تعتمد العمليات على أدوات آلية لإنتاج تقارير العملاء المطلوبة.
- يمكن أن يشمل ذلك أداة مسح آلية ترسل استبيانًا إلكترونيًا إلى العملاء وتسجل الردود.
- من المهم أتمتة أكبر قدر ممكن من التقارير لأن إنشاء التقارير يدويًا يستغرق وقتًا طويلاً وعرضة للخطأ.

قائمة المراجع

<u>REFERENCES LIST</u>

1- Introducing ITIL Best Practices for IT Service Management-Service & Operations Management Work Group, Mary Lou Alter, 2015.
2- ITIL® V3 FOUNDATION CERTIFICATIONE-LEARNING COURSE.2019.
3- PV203 IT Services Management-Eva Hladká.2020
4- PV203 IT Services Management-Vladimir Vágner-2023.
5- ITIL V3 Foundation-The Art of Service Pty Ltd.
6- The Official Introduction to the ITIL Service Lifecycle TSO @ Blackwell and other Accredited Agents.2020.
7- IT Service Management based on ITIL v4.2-Ing. Aleš Studený.2019.
8- IT Service Management -Van Haren Publishing.
9- ITIL 4 Foundation Certification Learning Course-MORWAN ELGASIM.2020.
10- ITIL 4-Foundation Become Certified-Abhinav Krishna Kaiser.2020.
11- Introductory-Overview-of-ITIL4-2020.
12- ITI 4-Essentials EXAM-2020.
13- ITIL4 -Service IT+ Inc.2019.
14- ITIL 4-High Velocity IT-2020.
15- ITIL 4-Digital and IT Strategy -2020.
16- ITIL4-Create Deliver and Support-2020.
17- Introductory Overview of ITIL4-2020.
18- ITIL4-Practices-AXELOS.com, 2020.
19- Guide To Implementing The ISO 20000-V9 Copyright CertiKit.2019.
20- ISO 20000 MANAGE ENGINE.2023.
21- Advisera.com-ISO 20000 Documentation Toolkit.2020.

تعريف بالمؤلف

- الإسم: خالد عبدالفتاح يوسف.
- تاريخ الميلاد:1960\10\12.
- الإقامة: الإسكندرية-مصر.
- المؤهل العلمى: بكالوريوس هندسة-اتصالات.
- الجامعة: جامعة الإسكندرية.
- البريد الإلكترونى: khaledyssf3@gmail.com

الخبرات و الوظائف:

- عمل فى مجالات التحكم الألى و نظم المعلومات.
- شارك و ساهم فى تنفيذ و استلام و تشغيل و صيانة العديد من مشروعات نظم التحكم الألى و نظم المعلومات فى قطاع البترول بالإسكندرية.
- شغل العديد من الوظائف الإدارية منها مدير قطاع الآجهزة الرقمية و مدير عام نظم المعلومات.
- قدم العديد من المحاضرات و الدورات التدريبية فى مجالات العمل.
- له عدد من المؤلفات العلمية و الأدبية.